双一流建设背景下
园林类专业产教融合创新研究

邵李理　仝婷婷　陈　磊◎ 著

U0332996

吉林出版集团股份有限公司

图书在版编目（CIP）数据

双一流建设背景下园林类专业产教融合创新研究 /
邵李理，仝婷婷，陈磊著. — 长春 ：吉林出版集团股份
有限公司，2022.9

ISBN 978-7-5731-2155-4

Ⅰ．①双⋯ Ⅱ．①邵⋯ ②仝⋯ ③陈⋯ Ⅲ．①高等学
校—园林—专业—产学合作—研究—中国 Ⅳ．①TU986

中国版本图书馆 CIP 数据核字 (2022) 第 174513 号

双一流建设背景下园林类专业产教融合创新研究

著　　者	邵李理　仝婷婷　陈　磊
责任编辑	滕　林
封面设计	林　吉
开　　本	787mm×1092mm　　1/16
字　　数	220 千
印　　张	10.25
版　　次	2022 年 9 月第 1 版
印　　次	2022 年 9 月第 1 次印刷

出版发行	吉林出版集团股份有限公司
电　　话	总编办：010-63109269
	发行部：010-63109269
印　　刷	廊坊市广阳区九洲印刷厂

ISBN 978-7-5731-2155-4　　　　　　　　　　定价：68.00 元

前　言

　　中华民族的伟大复兴是 21 世纪中国人民最伟大的事业，在推进这项伟大事业的历史进程中，我国需要各方面的拔尖创新人才。拔尖创新人才从哪里来？很显然，主要是从中国大学中来。准确地来说，我们需要依靠中国一流大学或中国特色世界一流大学群体来培养大批拔尖的创新人才。

　　同时，本书系统总结了园林专业人才培养的前沿理论，创造性地提出了特色的风景园林应用型人才培养创新模式，加入了产教融合的概念，详细分析了产教融合的基本理论和最新实践成果，为园林专业的产教融合提供了参考。

　　由于笔者水平有限，时间仓促，书中不足之处在所难免，恳请各位读者、专家不吝赐教。

目录

第一章 双一流大学概论

第一节 中国特色世界一流大学

"中国特色世界一流大学"，是一个意义深远的新概念、新理念。在我国，从"国家大学"的提出到"中国特色世界一流大学"概念的形成经历了百年历程。"中国特色世界一流大学"建设，不仅仅与中国特色社会主义和中国传统文化建设密切相连，而且与人类文化和文明的发展也密切相连；未来时期，不仅仅要立足和丰富中国特色，更要恪守世界一流大学精神，遵循世界一流大学基本规律，充实世界一流大学内涵，创新世界一流大学治理体系，形成世界一流大学发展新模式，为世界高等教育发展做出重要贡献。

建设中国特色世界一流大学，是党和政府积极顺应世界高等教育发展趋势并结合中国实际提出的重要战略方针。探索和遵循中国特色世界一流大学建设规律和发展之路，不仅仅是高校建设世界一流大学的重要任务，而且还是高校推进中国乃至世界高等教育发展的重要使命。因此，科学认识和准确把握中国特色世界一流大学的概念来源、意义界定和基本规律，不仅具有重要的理论意义，也还具有重要的现实意义。

一、概念源流：从"国家大学"到"中国特色世界一流大学"

概念是反映客观事物的一般本质特征的一种思维方式。取据《现代汉语词典》的解释，人类在认识过程中，把所感觉到的事物的共同特点抽出来，加以概括，就成为概念，比如：从白雪、白马、白纸等事物里抽出它们的共同特点，就得出"白"的概念。从思维发展的角度看，人类对事物的认识总是从初步的现象开始，逐步认识和掌握事物的本质特征，并且认识同类或相近的事物，进而提高认识事物和建设美好家园的水平。在这个意义上，对"世界一流大学"这种特殊事物的认识和概念把握存在一个发展过程，理解这个过程有着重要的意义。

中国特色世界一流大学，是一个意义深远的新概念、新理念。这个新概念、新理念的孕育和诞生经历了一个漫长而曲折的发展过程，在中国达到了百年之久。客观地来说，参与这个历史认识过程的，不仅仅包括中国大学的办学主体，而且包括中国社会各阶层人士，充分体现于中国的历史、政治、经济、文化等多种复杂因素的综合集成上。其中，中国知识分子特别是著名大学校长、教育家、政治家贡献了真知卓见，发挥了重要的智库作用。如文献中记载，新文化运动主将胡适在1915年2月20日的日记中写道："吾他日能见中国有一国家大学，可比此邦之哈佛、英之牛津、剑桥，德之柏林，法之巴黎，吾死瞑目矣。"1919年，蔡元培积极回应社会之关注，"仿世界各大学之通例，循思想自由原则，取兼容并包主义"，改造和建设北京大学，使北京大学不仅闻名全球，也影响了中国社会的发展进程。这可以说是中国早期知识分子对国家建设一流大学的理想抱负和责任担当。1945年9月，冯友兰在《大学与学术独立》中提出肩负国家"知识上的独立，学术上的自主"的"大大学"的概念。他说："在世界各国中，不见得所有的大学都是大大学，但在世界的强国中，每一个强国都必须有几个大大学。"为此建议国家"要树立几个学术中心，其办法是把现有的几个有成绩的大学，加以充分的扩充，使之成为大大学"。显然，"大大学"即冯友兰心目中的"世界一流大学"。1947年9月，胡适又在《争取学术独立的十年计划》的文章中建议政府"在十年之内，集中国家的最大力量，培植五个到十个成就最好的大学，使他们尽力发展他们的研究工作，使他们成为第一流的学术中心，使他们成为国家学术独立的根据地"。那个时期，西南联合大学的艰难实践为创建世界一流大学积累了令人称赞的成功经验。改革开放后，在邓小平同志的领导下，国家确立了以经济建设为中心的发展路线，逐步恢复建设全国重点高等学校的方针政策。其间，一批教育家密切关注中国大学的进步，积极推动中国大学的创新发展事业。如，1983年5月19日，南京大学匡亚明、浙江大学刘丹、天津大学李曙森、大连理工学院屈伯川四位老教育家联名建议国家将50所左右的高等学校列为国家重大建设项目，使之成为"世界知名的高等学校"。之后，国家相继选择一批基础较好的大学进行重点建设。1985年，清华大学提出要逐步把学校建设成为"世界一流的、有中国特色的社会主义大学"。1986年，北京大学党委研究室在总结北京大学改革建设工作时，明确提出要把"创办世界一流大学"作为学校的发展目标。1993年，北京大学校长丁石孙在"全国高教论坛"上提出"建设具有社会主义特色的一流大学"。1994年，北京大学提出了"创建一流大学"的建设目标。由此可以看出，北京大学、清华大学等一批著名大学一直以服务国家利益为使命，不断瞄准成为世界一流大学的奋斗目标。

20世纪90年代，世界教育处于风起云涌的改革建设时期。1993年2月，国家颁布《中国教育改革和发展纲要》，明确提出："为了迎接世界新技术革命的挑战，要集中中央和地方等各方面的力量办好100所左右的重点大学和一批重点学科、专业。"随后落实为"211工程"。此后，学术界开始在期刊论文中使用"世界一流大学"的概念。1995、1996年，江泽民同志相继为复旦大学九十周年校庆、上海交通大学百年校庆题词，郑重提出："面向新世纪，把复旦大学建设成为具有世界一流水平的社会主义综合大学。""继往开来，勇攀高峰，把上海交通大学建设成世界一流大学。"这些题词内容反映了国家领导人对重点大学发展境界的期待。1998年5月4日，江泽民同志在庆祝北京大学百年校庆讲话中宣告："为了实现现代化，我国要有若干所具有世界先进水平的一流大学。"讲话针对"一流大学"概念进行"四个应该"的内涵阐释，即"这样的大学，应该是培养和造就高素质的创造性人才的摇篮，应该是认识未知世界、探求客观真理、为人类解决面临的重大课题提供科学依据的前沿，应该是知识创新、推动科学技术成果向现实生产力转化的重要力量，应该是民族优秀文化与世界先进文明成果交流借鉴的桥梁"。1998年12月24日，教育部发布《面向21世纪教育振兴行动计划》，指出："建设世界一流大学，具有重大的战略意义。"由此开启"985工程"。经过"三期建设"，重点大学积累了坚实的基础，也显示了我国一流大学冲刺世界一流大学的实力。2010年7月，《国家中长期教育改革和发展规划纲要（2010—2020年）》明确了到2020年"建成一批国际知名、有特色、高水平的高等学校，若干所大学达到或接近世界一流大学水平"的奋斗目标。2011年4月，纵观全球研究型大学的发展新趋势，胡锦涛同志在清华大学百年校庆讲话中强调清华大学作为国家重点建设的大学要坚持"中国特色、世界一流"的发展道路，进一步指明了国家重点大学的发展方向。此后，围绕继续推进世界一流大学建设的主题，国家出台了高等教育系统的第三项国家工程项目，即以人才、学科、科研三位一体的高等学校创新能力提升为核心任务的"2011计划"，这是以新的政策举措推进世界一流大学建设事业的又一战略部署。

我们知道，在发展中国家创建世界一流大学，是一项前无古人的伟大事业。"路漫漫其修远兮，吾将上下而求索。"究竟未来中国一流大学之路如何选择？可以说，中国政府和社会各界均在思考和研究这个重要问题。2014年5月4日，习近平总书记在北京大学师生座谈会上的讲话指明了前进方向："办好中国的世界一流大学，必须有中国特色。如果没有特色，而是跟在他人后面亦步亦趋，依样画葫芦，是不可能办成功的。""世界上不会有第二个哈佛、牛津、斯坦福、麻省理工、剑桥，但会有第一个北大、清华、浙大、复旦、南大等中国著名学府。"为此，"我们要认真吸取世界上先进的办学治学经验，更要遵循教育规律，扎根中国大地办大学"。至此，应该说我们在世界一流大学建设方针的重大核心问题上达成了共识。2015年，在《中共中央关于制定国民经济和社会发展第十三个五年规划的建议》中提出"提高高校教学水平和创新能力，使若干高校和一批学科达到或接近世界一流水平"的奋斗目标后，国务院发布《统筹推进世界一流大学和一流学科建设总体方案》的政策文件，进一步明确了任务路径，重申"坚持以中国特色、世界一流为核心，以立德树人为根本"的指导思想，并强调坚持"中国特色、世界一流"，就是要全面贯彻党的教育方针，坚持社会主义办学方向，加强党对高校的领导，扎根中国大地，遵循教育规律，创造性地传承中华民族优秀传统文化，积极探索中国特色的世界一流大学和一流学科建设之路，努力成为世界高等教育改革发展的参与者和推动者，培养中国特色社会主义事业建设者和接班人，更好地为社会主义现代化建设服务、为人民服务。从这段重要论述中不难看出，"中国特色、世界一流"将是我国部分高校未来的建设之路。

二、意义界定：何为"中国特色世界一流大学"

何为中国特色世界一流大学？中肯地来说，这是一个十分复杂的理论问题，也是一个高度综合的实践问题。当人们对"世界一流大学"的概念意义和评价标准还没有完全达成共识的情况下，试图弄清中国特色世界一流大学的新概念，显然会存在一系列的困扰问题。但是，人类有认识和探索复杂事物本质的好奇心、潜力和意志力，而中国特色世界一流大学的实践经验正生动地展现在当代社会环境中。因此，我们必须积极面对，深入思考，逐步提高对相关问题的科学认知。

就实质特征而言，未来中国的世界一流大学必定是有中国特色的世界一流大学。换言之，没有中国特色的世界一流大学，不是中国要建设的世界一流大学。这里的"中国特色"来源于中国特色社会主义的本质要求，也来源于中国优秀传统文化精神的积淀，也还来源于中国的历史、政治、经济、教育等的有机结合。如果说"世界一流"（世界级、国际性）是共性，是普遍性，那么"中国特色"就是个性，是特殊性。共性融于个性中，普遍性融于特殊性中。个性和特殊性不断巩固与丰富共性和普遍性的发展。在这个意义上，唯有立足"中国特色"建设世界一流大学，中国一流大学才能赢得支持，赢得成功，赢得未来。其一：强化一流大学的中国特色社会主义属性建设。中国特色社会主义是历史的选择、人民的选择和未来的选择，中国一流大学必然服务和贡献于中国特色社会主义事业，并且在中国特色社会主义事业进步中发展壮大。其二：强化扎根中国大地的一流大学的中华民族文化属性建设。历史证明，就文化而言，越是民族的，越是世界的，民族性就越强，世界性就越强。因此，未来中国一流大学需要在传承中华民族优秀传统文化的过程中促进大学的中华民族文化属性建设，努力成为中华民族文化的杰出代表。其三：强化中国一流大学的至善境界追求。儒家经典《大学》曰："大学之道，在明明德，在亲民，在止于至善。"因此，中国一流大学追求至善境界目标，努力达到世界一流水平，不仅是中华民族止于至善精神的生动反映，也是中华民族优秀传统文化价值的最佳体现。

就要素内涵而言，坚持"中国特色、世界一流"，不仅体现在一流大学的教育方针、办学方向、党的领导上，而且体现在一流大学建设始终立足于中华大地、认真遵循教育规律和传承优秀传统文化上，根本反映在培养中国特色社会主义事业建设者和接班人，更好地服务于社会主义现代化建设事业、更好地为人民服务上。具体来说，坚持党的领导，贯彻党的教育方针，培养社会主义核心价值观的践行者，是中国特色世界一流大学建设的根本遵循，是推进中国特色世界一流大学建设的前提条件。进一步说，中华文明有五千年的悠久历史，是人类历史上唯一没有中断过的文明体系，自然有其独特的价值和发展的未来，因此，中国一流大学应该立足于中华文明丰厚土壤中，努力为实现"两个一百年"奋斗目标和中华民族伟大复兴的中国梦贡献力量，切实按照教育规律办学兴校，精心育人，争创一流。总之，既要充分体现中国的历史和国情现实，又要始终坚持国际公认的评价标准；既要在可比性办学指标上达到甚至超越国外世界一流大学，更要为国家和民族的发展进步做出突出的贡献；既要拥有若干世界一流学科，要形成独具特色的发展模式与先进文化，真正走出一条富有中国特色的世界一流大学建设之路。

就外延而言，正如世界银行高等教育专家贾弥勒•萨尔米博士所言，"尽管国家确立了建设世界一流大学的目标，但这并不意味着所有的大学能够或者应该追求这种国际地位"。也就是说，我们建设的世界一流大学，其备选学校和学科，应该是指那些确实有基础、有实力、有潜力、有愿景、有战略，并且其建设成就被世界高水平大学所认可的大学和学科，而不是指所有中国大学和所有学科。可以说，"211 工程"和"985 工程"等重大项目，也是应此要求而产生的。但是，经过多年的建设之后才发现，这种方式存在身份固化、竞争缺失、重复交叉等问题。因此，在未来时期总结过去经验教训的基础上，国家将重点建设战略转向开放性的、竞争性的、差别性的、层次性的，当然更是国际性的，也即未来建设方略是"统筹建设"。一方面，打破"211 高校"和"985 高校"的身份壁垒，采取适度开放、竞争选优的政策措施，为全国不同类型的高校营造公平公正的发展环境；另一方面，坚持以一流为目标，以学科为基础，以绩效为杠杆，以改革为动力，倡导差别化发展，鼓励和支持特色发展和分类发展。可以说，这种战略性的转变，标志着中国特色世界一流大学建设进入了新的发展阶段。

就国际意义而言，我们建设的中国特色世界一流大学，已经取得了举世公认的重要成就，不仅仅在国内赢得了重要的支持，而且在国际上赢得了非凡的声誉。在一定意义上，我们可以这样说，正是"中国特色"引导和支持中国一流大学在当代赢得了世界性的地位和全球影响力。这反映了"中国特色"，不仅具有鲜明的"中国性"，也具有突出的"世界性"，因此应该给予充分的肯定，并继续发扬光大。而且，事实也给予了重要的证明。凡有识之士，不仅可以从中国大陆依靠国内高校自主培养大批拔尖创新人才支撑了改革开放以来中国经济社会快速发展的事实看出来，而且可以从英国《泰晤士报高等教育增刊》世界大学排名（QS/THE）、上海交通大学世界大学学术排名（ARWU）、《美国新闻与世界报道》全球大学排名等信息看出来，也可以从中国大陆的诺贝尔科学奖零突破、高被引科学家等世界权威期刊论义的规模发展，以及人们累积的信心等方面找到更多有说服力的证据。因此，面向未来我们有充分的理由相信，中国特色世界一流大学建设必定会取得更大更新的发展成就，不仅将继续为中国乃至世界培养大批拔尖创新人才，而且将会进一步丰富和充实中国特色社会主义事业的文化内涵，使中华民族文化在世界文明体系中赢得更多的尊重和更美好的未来。

三、基本规律："中国特色世界一流大学"的实践主题

显然，无论是何种特色或何种模式的世界一流大学，其共同点均为大学的发展成就达到世界一流水平，并且被全球高等教育界及其以外的领域所认可。没有这一点做基础和保证，很难说某种特色是成功的特色、某种模式是成功的模式。因此，从这个角度上来说，未来中国的世界一流大学建设的战略重点应该是在继续保持和突出"中国特色"的同时，更多地侧重于通过深化改革来推进"世界一流"的文化建设、水平建设和内涵建设。

其一、打造世界一流文化，汇聚全球一流学者。世界一流文化，体现高度的文化自觉精神，是世界一流人才生存和发展的土壤、水、空气以及环境。任何地方，没有世界一流文化，都难以吸引、培养、留住世界一流人才，也难以发挥世界一流人才的作用。世界一流文化意味什么？概言之，一是指世界一流的精神文化，即人们普遍以追求知识和真理为幸福快乐的源泉；二是指与一流精神文化高度契合的制度文化和物质文化。

其二、建设世界一流学科，培育世界一流人才。世界一流学科，必定是在世界一流文化环境和氛围中生长出来的，必定是与世界一流文化建设密切联系的。凡是缺失世界一流文化的大学，不可能产生世界一流学科，也不可能培养世界一流人才。在这个意义上，世界一流学科，可以说是世界一流文化的奇葩，是世界一流文化的成果。世界一流学科又是大师人才和优秀学生聚集的高端平台。换言之，当全球学术大师汇聚于拥有浓厚的一流文化氛围的大学时，世界一流学科自然"水到渠成"。因此，大学建设世界一流学科，与引进全球学术大师、培育世界一流人才，是"水乳交融"的关系，是"浑然天成"的结果，它们也是世界一流文化建设的重要内容。

其三、创造世界一流项目，开拓世界一流科研。世界一流科研，造就世界一流学科，培育世界一流人才，但是它与世界一流的重大项目又是紧密相关的。没有世界一流的重大项目作为基础和平台，任何大学都难以吸引世界一流大师和拔尖创新人才的科研参与，也难以产生世界一流学科文化。世界一流科研项目，属于原始创新研究，通常与人类的孕育、健康、生存和发展的重大利益密切相关，因此具有重大的理论和现实意义。第二次世界大战前后，美国众多研究型大学就是在参与诸如阿波罗计划等一系列世界一流重大科研项目的过程中崛起为世界一流大学的，其堪称世界一流大学飞速崛起的典范。因此，借鉴世界范围内一流科研的成功经验，创造和参与世界一流科研

项目，取得世界一流的科研成就，为中国乃至人类发展事业做出重大贡献，是我国研究型大学建设富有特色的世界一流大学的不二选择。

其四、培育世界一流学术文化中心，谋求国家学术独立。无论是建设世界一流学科、培养世界一流人才，还是创造世界一流项目、开拓世界一流科研，其目的都是建设世界一流学术文化中心，为国家完全的学术独立，并为国家建设和人类发展做出重大贡献。成为世界一流学术文化中心，需要各种有利因素的综合集成，需要长期不懈的努力，需要历史的机遇和战略的把握。就此而言，未来时期我国研究型大学肩负着重大而光荣的历史使命。

其五、创新世界一流大学发展模式，贡献世界高等教育。世界一流大学发展史启示人们，没有新的独特的高等教育思想或大学理念，不可能造成一种新的发展模式，不可能"量产"世界一流大学和一流学科，也不可能对世界高等教育做出重要贡献。未来中国一流大学建设，既要遵循世界一流大学的基本规律，创造世界一流科研成果，更要大胆创新高等教育思想或大学理念，努力开辟符合中国特色要求又能引领全球教育发展的"大学之道"。唯有这样，21世纪的中国一流大学，才能为世界高等教育发展事业做出更大的贡献。

第二节 "双一流"战略的意义结构

"双一流"建设方案是科学的、完整的、价值厚重的"战略表述系统"。从逻辑结构意义看，"双一流"是蕴含历史、现实和未来意义的新理念，是系统、清晰且责任明确的战略规划，是引导大学贡献高等教育强国的实施方案，是坚定理论自信、制度自信、道路自信的文化范本，是打造中国高等教育发展模式的宏伟蓝图。深刻理解其战略逻辑及其构成体系，对科学推进"双一流"战略及其实践有重要意义。

建设世界一流大学和一流学科，是党中央、国务院在新的历史时期，为提升我国教育发展水平、增强国家核心竞争力、奠定长远发展基础，做出的重大战略决策。2015年国家文件出台后被称为"双一流"（Double First-rate）建设方案，教育界特别是高等教育界迅速开展理论研究，为扎实推进"双一流"建设建言献策。2017年年初，教育部、财政部、国家发展改革委颁布《统筹推进世界一流大学和一流学科建设实施办法（暂行）》（简称《实施办法》），有关"双一流"建设的研讨交流更加深入。

一、"双一流"：蕴含历史、现实与未来意义的新理念

"双一流"，是一个"新"概念和"新"理念，也是一个"旧"概念和"旧"理念。

之所以称其"新"概念和"新"理念，是因为国务院 2015 年出台了《统筹推进世界一流大学和一流学科建设总体方案》，一时间，有人称之为"双一流计划"，有人称之为"两个一流"，广为认可的是"双一流"，现在已约定成高等教育专用词语了。之所以称其"旧"概念和"旧"理念，是因为"双一流"具体指"世界一流大学"和"世界一流学科"或"一流学科"，这两个称谓在 1994 年后国家相关教育政策文件中频繁出现，有的单独称谓，有的并列称谓。

经过"211 工程"、"985 工程"和"2011 计划"及"优势学科创新平台"和"特色重点学科项目"等重点建设，我国对"双一流"建设有了更加清醒的认识，即建设世界一流大学的基础和关键是建设世界一流学科，没有若干个世界一流学科作为支撑，难以被称作世界一流大学；拥有世界一流学科越多，世界一流大学的地位就越巩固；只有少数研究型大学能够发展成为世界一流大学。长期以来，我国重点高校高度重视并努力推进一流学科建设，取得了显著成就。但是问题也逐渐暴露出来了，包括身份固化、竞争缺失、重复建设等问题。有学者研究发现："事实上，为了进入'985'名单，许多大学都进行了残酷的竞争，而一旦进入名单，似乎就进入了保险箱，一切资源获得就顺理成章了。这大概就是身份固化的结果。高校为了显示自己的建设成绩，采用各式各样的手段，但核心都是以行政意志为主导的，学者的意志被严重弱化，甚至使学术的价值边缘化，这就形成了'985'建设之痛。"因此，国家在新一轮建设中强调"统筹建设"，表明政策发生重大转变。其主要表现在四个方面：一是由"分"到"合"。在过去国家根据当时建设需要"分"头制定政策，没有统一规划实施各类项目，投资效率和建设质量不高，未能充分发挥资源的最佳效应。现在的"统筹"旨在把各种政策资源整合到一个支持体系中去，着力提高资源利用率。二是由"静"到"动"。以往国家对少数大学采取身份和投入固定的"静"政策，如："211 工程"和"985 工程"。现在是坚持扶优扶需扶特扶新的价值取向，为所有高校创造平等竞争空间，即根据五年期建设效益采取有进有出的"动态调整"政策。三是由"硬"到"软"。之前国家对大学资助后重点查看"硬"件效益，现在是围绕人才培养、现代大学制度建设等"软"因素进行考察验收。四是由"内"到"外"。过去侧重检查大学对本国经济社会的贡献度及其国内的相对地位和影响，现在则重点考察大学提供这种贡献的"世界级水平状况"，要求把"中国特色"建设到"世界一流水平"。正是这样的政策转变，我国高等教育再次开启新的历史征程。

可以说，"双一流"战略的实施，必将对中国高校产生重大而深远的影响。因为国家通过实施"双一流"，不仅仅要建设拥有若干个世界一流学科的世界一流大学即整体建设效果，譬如北京大学、清华大学、上海交通大学、复旦大学、浙江大学等名校，使其可与哈佛大学、耶鲁大学、斯坦福大学、牛津大学、剑桥大学等名校比肩；而且要建设一个拥有一流特色学科的高水平大学，如：中国农业大学等，使其发展成为有行业性特色性的世界一流大学。根据"双一流"建设方案，过去未入选"211 工程"和"985 工程"的有潜力和实力冲刺世界一流水平的学校或学科在"双一流"政策背景下有可能成为"备选单位"。实施"双一流"战略，不仅反映了国家着力推动高等教育强国战略的坚定意志，而且还体现了新一轮国家重点支持政策的公平意义，无疑是有助于我国高等教育事业的发展进步，对世界高等教育也将产生重要影响。

二、"双一流"：系统、清晰且责任明确的战略规划

"双一流"建设方案，是国家宏观政策指导方案，是推动高等教育创新计划的重要指针。方案共分五个部分：总体要求（含指导思想、基本原则和总体目标）、建设任务、改革任务、支持措施和组织实施（《实施办法》7 章 29 条）。这五个部分贯通一体，浑然天成，形成逻辑严密的"战略表述系统"。这个方案对国家、省（自治区、直辖市）以及高校学科单位乃至社会系统提出了要求，是指向未来、统筹全局、谋求发展、重在落实的战略规划，需要各界深刻领会和贯彻落实。

就国家层面而言，确定战略方向和目标任务，推动教行改革至关重要。"双一流"方案确认从现在起到 21 世纪中叶，我国要实现高等教育强国的战略目标，要建成若干所世界一流大学和一批世界一流学科。

就国家层面而言，既有战略方向和定位问题，同时也有具体政策措施问题。从现实角度来看，我同高等教育已经建立起了国家和省（自治区、直辖市）共管共建体系，根据"双一流"建设方案，不仅仅国家部门有重大责任，而且省级政府和有关社会机构也有重大责任，因此国家文件颁布后，各省（自治区、直辖市）响应国家号召出台"双一流"发展计划，努力实现高等教育强国战略目标。因此未来时期，那些努力创建"双一流"的高校，将不仅获得国家层面的支持，也会得到省级政府支持。媒体报道，2015 年以来，北京、上海、浙江、广东、江苏、湖北、湖南等 20 多个省、直辖市均已出台"双一流"资助计划。应该可以说，这是高等教育发展的新形势，有利于激励高校实现"双一流"战略目标。

就高校层面而言，既有奋斗目标和政策规划问题，更有行动计划和实施方案问题。很明显，"双一流"建设背景下，原"211 工程"和"985 工程"圈内外高校均面临着重要机遇，也面临着一些挑战。如何迎接挑战，抓住机遇，推进自身建设，不仅影响高校发展状态，而且决定学校在国家和地区发展中的地位作用。因此高校未雨绸缪十分重要，既要考虑能否适应国家战略发展的要求，也要考虑自身有多大潜力完成国家赋予的战略任务。例如：如何布局学科生态？如何建设一流学科？有能力建设多少世界一流学科？非一流学科怎么办？如何建设一流的学科特色？如何构建一流人才培养体系等，这些问题值得深入思考和重点解决。

就学科单位而言，相对国家、省（自治区、直辖市）和高校部门，它是一个基层单位（院系），但却是"双一流"建设最重要的终端平台。在某种意义上，建设"双一流"的关键是建设"双一流院系"，因为院系是开展学科建设、人才培养和社会服务的基层单位。对于这样的学科建制单位，如何布局一流学科生态？如何推进一流学科内涵建设？如何建设一流专业和一流课程体系？如何培养一流创新人才？这些问题，不仅影响学科单位建设质量，而且还影响"双一流"建设水平。

三、"双一流"：引导大学贡献高等教育强国的实施方案

"双一流"战略，是面向 21 世纪中国高等教育的重大战略，核心指向是建设高等教育强国、赶超世界先进水平，进而实现教育强国梦。"一所学校是不是一流大学，关键看这所学校在国家的发展建设中能否做出一流的贡献，培养出一流的人才。"因此，推进"双一流"战略，将是未来高校贡献国家、回报社会和实现高等教育强国目标的重要平台和战略机遇。

首先，从大学功能的全部意义看，"一流人才培养"是"双一流"建设的"逻辑起点"。《大学》曰："大学之道，在明明德，在亲民，在止于至善。"即大学旨在培养至德至善之人。习近平总书记在全国高校思想政治工作会议上强调："高校立身之本在于立德树人；只有培养出一流人才的高校，才能够成为世界一流大学；办好我国高校，办出世界一流大学，必须牢牢抓住全面提高人才培养能力这个核心点，并且以此来带动高校其他工作。"换言之，高校只有抓住了"一流人才培养"这个核心任务不放松，才算抓住了"双一流"建设的"牛鼻子"，才算找准了"双一流"建设的"命脉"。通过这样看来，大学只有贯彻好、落实好这个中心任务，才符合"双一流"建设的根本要求。

进一步说，"一流师资队伍"和"一流科学研究"是"双一流"建设的"逻辑中介"。大学要培养世界一流创新人才，必须依靠世界一流的师资队伍和世界一流的科学研究，师资队伍是落实"人"的要素，科学研究是落实"事物"的因素，此"人"与此"事"结合，以"一流人才培养"为目标，以"一流学科"为平台，产出世界一流的学术成果，进而影响人类社会的进步。在这个意义上可以说，一流大学的师资队伍发挥了作用，科学研究产生了效果，学科价值得到了认可，"双一流"目标"水到渠成"。为此，"双一流"建设方案论述了"以一流为目标、以学科为基础、以绩效为杠杆、以改革为动力"的建设思路和政策措施。

可以推论，"传承创新优秀文化"和"着力推进成果转化"是"双一流"建设的"逻辑延伸"。我们知道，中国是一个拥有五千年灿烂文明、14 亿人口生活其中的世界大国，在这样的国家建设世界一流大学、培养世界一流创新人才，无疑需要人们积极传承中华民族优秀传统文化，同时也要面向国家经济社会需要，把先进的科研成果转化为造

福人类的物质财富和精神财富，这样才能真正发挥"双一流"建设作用。因此，如果说"传承创新优秀文化"是从历史的、精神的文化维度来提升"双一流"的道义责任，那么"着力推进成果转化"则是从国家、现实和未来需要的维度来推进"双一流"的内涵发展。总之，这两者既是世界一流大学人才培养、科学研究和社会服务的重要内容，也是世界一流学科展示人才培养、科学研究和社会服务成果的重要任务。

四、"双一流"：坚定理论、制度、道路自信的文化范本

历史证明，大学从来不是脱离社会而孤立存在的，世界一流大学更是如此。时任世界银行高等教育主管的贾弥勒·萨尔米教授指出："创建世界一流大学既没有通用窍门也没有万能钥匙可循。不同的国家有着不同的国情，不同的学校也有着不同的发展模式。因此，每个国家都必须从各种可能的途径中选择一个能发挥优势整合资源的策略。"事实上，"哈佛、耶鲁、牛津、剑桥等世界知名大学的成功，都深植于本国独特的文化和历史之中"。从这个意义上说，"双一流"建设方案，高度浓缩了中国特色世界一流大学建设的历史内涵、本土精神和时代追求，充分体现了中国特色社会主义理论自信、制度自信和道路自信三个自信对中国一流大学本质属性的精神要求。

其一、"双一流"体现了中国特色社会主义理论自信的本质要求。坚持中国特色社会主义理论自信，是有效推进中国特色世界一流大学建设的精神灵魂。为此"双一流"方案强调，要高举中国特色社会主义伟人旗帜，以邓小平理论、"三个代表"重要思想、科学发展观为指导，认真落实党的十八大和十八届二中、三中、四中全会精神，深入贯彻习近平总书记系列重要讲话精神，按照"四个全面"战略布局和党中央、国务院决策部署，坚持以中国特色、世界一流为核心，以立德树人为根本，以支撑创新驱动发展战略、服务经济社会发展为导向，加快建成世界一流大学和一流学科，提升我国高等教育综合实力和国际竞争力，为实现"两个一百年"奋斗目标和中华民族伟大复兴的中国梦提供有力的支撑。

其二、"双一流"体现了中国特色社会主义制度自信的建设要求。坚持中国特色社会主义制度自信，是有效推进中国特色世界一流大学建设的基本保障。为此"双一流"方案强调，坚持"中国特色、世界一流"，就是要全面贯彻党的教育方针，坚持社会主义办学方向，加强党对高校的领导，扎根中国大地，遵循教育规律，创造性地传承中华民族优秀传统文化，积极探索中国特色的世界一流大学和一流学科建设之路，努力成为世界高等教育改革发展的参与者和推动者，培养中国特色社会主义事业建设者和接班人，更好地为社会主义现代化建设服务、为人民服务。显然，这个要求规定了中国特色世界一流大学建设的精神内涵。

其三、"双一流"体现了中国特色社会主义道路自信的理性要求。坚持中国特色社

会主义道路自信，是有效推进中国特色世界一流大学建设的现实要求。为此"双一流"方案强调，要推动一批高水平大学和学科进入世界一流行列或前列，并且加快高等教育治理体系和治理能力现代化，提高高等学校人才培养、科学研究、社会服务和文化传承创新水平，使之成为知识发现和科技创新的重要力量、先进思想和优秀文化的重要源泉、培养各类高素质优秀人才的重要基地，在支撑国家创新驱动发展战略、服务经济社会发展、弘扬中华优秀传统文化、培育和践行社会主义核心价值观、促进高等教育内涵发展等方面发挥重大作用。总之，这个基本要求，引导和规范着中国特色世界一流大学内涵建设的目标路径。

五、"双一流"：打造中国高等教育发展模式的宏伟蓝图

中国高等教育进入了一个新的发展阶段。在这个阶段，我们不仅要架设好高等教育这个"金字塔"的主体部分，更要架设好"金字塔"的"塔顶"部分，最好在若干年之后使之成为屹立于"世界高等教育高原"上的"珠穆朗玛峰"。在这个意义上来说，"双一流"是国家对未来高等教育发展蓝图的战略设计，也是对中国高等教育发展模式的主动建构。

首先，这个发展模式始终把"根基"建立在"中国大地"上，坚持走"中国特色、世界一流"的发展道路。俗话说：基础不牢，地动山摇。中国的世界一流大学之"根基"毫无疑问应该深深地扎在"中国大地"上，而不是其他国家的土地上。此"中国大地"，明确要求大学要依靠党的领导来建设世界一流大学，要依靠中国特色社会主义理论和制度建设世界一流大学，要走中国特色世界一流大学的建设道路、发展道路和创新道路。因此，任何时候如果离开"中国大地"来考虑问题，这个模式是很难取得成功的。

其次，这个发展模式坚持跟随中国发展战略设计未来思路，紧密跟踪和服务中国发展目标。事实证明，当代中国是世界上发展最快的国家，中国高等教育也获得了最好的发展机遇。根据国家"十三五"发展规划描绘的蓝图，中国到21世纪中叶将建成世界强国，实现中华民族伟大复兴的中国梦。按照这样的发展前景，中国高等教育发展步伐必然紧随其后，奋力而为。所以，"双一流"建设方案设计了"三个阶段"的奋斗目标和建设任务，充分体现了中国特色世界一流大学建设进程。

再次，这个发展模式把准了全球世界一流大学建设的"脉搏"，坚持按照自己的方式建设世界一流大学。全球世界一流大学建设有共性规律可循，其中一个共性规律就是要立足国家民族的基本立场和基本特色，否则将难以达到理想的建设效果。

最后，这个发展模式把国家战略落实到高校行动中，确立以"三个面向""三个突出"为政策方向。《实施办法》强调，要面向国家重大战略需求，面向经济社会主战场，面向世界科技发展前沿，突出建设的质量效益、社会贡献度和国际影响力，突出学科

的交叉融合和协同创新，突出与产业发展、社会需求、科技前沿紧密衔接，深化产教融合，全面提升我国高等教育在人才培养、科学研究、社会服务、文化传承创新和国际交流合作中的综合实力。很显然这个发展模式，目标明确、行动有力并且前景光明，是值得期待的中国模式。

第二章 园林教育概述

第一节 国内外园林教育发展现状

基于新型城镇化、美丽中国和生态文明建设的宏观背景，以及园林一级学科的设立、教育部《关于全面提高高等教育质量的若干意见》的出台等利好局面，经济社会发展对于园林应用型人才具有庞大需求，国内风景园林教育正处于蓬勃发展时期。地方高校园林教育面临着良好的发展机遇，也面临着人才培养如何与市场需求接轨等严峻挑战。

一、项目背景与意义

（一）园林学新增为国家一级学科是良好的发展契机

2011 年 3 月 8 日，国务院学位委员会、教育部公布《学位授予和人才培养学科目录（2011 年）》，一级学科从 89 个增加至 110 个，园林学新增为国家一级学科，设在工学门类，可授工学和农学学位。园林学成为一级学科是我国园林教育和行业发展的一件大事。园林学一级学科的设立，对统一学科名称、规范学科领域、整合人才队伍、形成行业共识等具有重要作用，对于我国未来园林人才的培养和事业的发展起到了积极的推动作用。

（二）高等教育改革对本科人才培养质量提出新的要求

教育部《关于全面提高高等教育质量的若干意见》强调要确立人才培养在高校工作中的中心地位，巩固本科教学的基础地位。同时《意见》还提出提高人才培养质量是首要工作、内涵发展是提高质量的核心、教师队伍是质量的根本保证、创新引领是提高质量的动力源泉，强调高等教育要强化基础、分类培养、全面发展，增强学生服务国家、服务人民的社会责任感，培养善于探索的创新精神以及解决问题的实践能力。

（三）新型城镇化与美丽中国建设需要园林专业人才

随着中国经济的快速成长，人们对高品质户外空间的需求日趋强烈。快速城市化和大规模城镇化也给自然环境带来了前所未有的压力，出现了人地关系失调、环境恶化、自然文化遗产遭到破坏等问题。新型城镇化、美丽中国和美丽乡村建设都在呼唤培养更大规模、更高质量的园林专业人才，也为我国园林学的实践与理论发展带来了前所未有的机遇。时代所需的园林人才应是一种创新型专业人才，需要建立一个横跨多个知识门类的学科实践平台，实现对园林人才的综合、系统和专门化的训练。

二、国内外园林专业建设现状

（一）国外园林学现状与分析

1900 年美国哈佛大学设立了世界上第一个园林学专业，1919 年挪威建立了欧洲第一个园林专业。之后，日本、加拿大、德国、英国、法国、荷兰、澳大利亚等相继设置了该专业，并且向发展中的国家持续扩展。据不完全统计，海外约 250 所高等学校设置了园林专业。各个国家的学科制度不一，但是园林学与建筑学、城市规划平行设置，构成三足鼎立的建设局面。园林学呈现出面向市场需求的实践性和综合性特点。现有 73 个会员国家（地区）的国际风景园林师联合会（简称 IFLA）成立于 1948 年。

美国由于土地资源的多样性、社会经济的发展以及学校教育制度起步早，引领了全球园林的发展趋势。德国从自身的国土角度看待自然及人文地理融合的景观系统，注重大尺度的规划，体现了对系统性土地规划与大尺度景观质量管理的务实策略。英国有保护英式庭园风景的细腻传统，全民认知水平高，在风景园林专业发展中强调城乡规划与文化资产保护结合。其他欧洲国家如法国、荷兰、西班牙等，近 20 年来也有一股新生力量借由景观单元数据建立发展出一种以流域或绿色网络资源作为整体性的景观发展策略。在亚洲，日本有其传统庭园设计的历史渊源与特有的传承特色，其大尺度景观规划发展较晚，不过近 10 年对宏观的景观保护、森林保护、文化资产保护等方面不遗余力。韩国园林专业虽然有传统庭园、园林的传承，但是受西方的影响较大，在 1960 年引进园林的课程，多与林业、农业、建筑等科系结合。

（二）国内园林学现状与分析

1951 年清华大学与原北京农业大学联合设立"造园组"，标志着我国现代园林学教育的开始。在本科层面，1987 年、1993 年、1998 年和 2012 年 4 次本科专业目录修订过程中，本学科先后以园林、园林学等出现在工学或农学门类中。2003 年增设景观建筑设计专业、2006 年恢复风景园林学专业，同年增设景观学专业。在研究生层面，1983 年第一次研究生学科目录制定时，本学科分别以园林规划设计和园林植物为二级学科归属农学门类林学一级学科。1990 年学科目录修订时，园林规划与设计作为二级学科归属工学门类建筑学一级学科，园林植物二级学科归属农学门类林学一级学科。1997 年修订中，城市规划与设计（含园林规划 4 设计）作为二级学科归属工学门类建筑学一级学科，园林植物与观赏园艺归属农学门类林学一级学科。2005年园林硕士专业学位设置，2012年园林学成为工学门类一级学科。

我国有着辉煌的园林文化和优秀的园林传统，园林教育也表现出了与众不同的特色布局。目前，具有代表性的园林（景观学）专业结构模式有以下几种：同济大学将其分成"景观资源保护与利用""景观规划与设计""景观建设与管理"三大专业，将园林学与城乡规划、建筑设计、旅游规划相结合，形成了"园林景观＋旅游设计"人才培养体系，在业内得到普遍的认可；北京大学景观设计研究院倡导生态人文理念，将景观学与地理学相结合，形成"园林＋生态规划设计"体系，在国内外反响强烈；清华大学、东南大学将园林与建筑学相结合，形成"园林＋建筑设计"体系，在工科大学中具有代表性。除此之外，也有学者提出了以生态价值为取向的现代园林学，代表了多数农科院校的观点。总之，以建筑学为基础的园林学侧重形态设计，农学侧重景观植物造景研究，各院校园林专业的侧重不同，都是根据自身院校的基础和特点来确定的。

第二节　地方高校园林专业人才培养目标定位

随着社会经济、文化的快速发展，人民生活水平的不断提高，社会对风景园林从业者提出了更高的要求，园林教育也面临新的挑战。确立满足社会发展需要的园林人才培养目标，探索具有地方特色的园林专业建设新思路，是当前地方高校园林专业建设急切需要解决的问题。

一、基于社会需求确立特色化人才培养目标

任何专业的发展都依托于社会发展的需求，以社会对园林专业人才的需求来制定培养目标，从社会经济和文化艺术的实际出发，继承和发扬中国传统园林的精髓，大胆借鉴西方园林规划设计的先进之处，合理定位园林专业人才培养的目标。

目前，社会对园林专业人才的需求，主要体现在三个方面：一是园林规划与设计，二是园林植物应用与景观工程管理，三是旅游景观规划设计。因此，园林专业应围绕这三个方向设置课程，根据学校自身的特点以及所在地区对园林专业人才不同层次的需求来制订人才培养方案。

具体的人才培养目标如下。

（一）培养"景观＋旅游"复合型园林专业人才

按照高等教育教学改革需要，以培养学生实践动手能力为主线，调整和修订专业

培养计划和方式，通过合理制订园林专业人才培养计划，培养掌握本专业基本知识与实践技能，能从事旅游景观规划设计、园林规划设计、植物与景观工程管理工作的高级应用型专业人才。

（二）培养"实践＋创新＋创业"的能力兼具型园林专业人才

学生在专业学习的过程中，强调创新创业能力的提升，激励学生参与实践项目，并且鼓励学生参加各类学科竞赛以及创新创业计划训练项目，以此来掌握专业"敲门砖"和"看家本领"，从而增强就业竞争力和岗位适应能力。

二、依托优势学科确立特色化人才培养方向

我国幅员辽阔，受经济条件、地理位置、文化特点、民风民俗等因素的影响，以及各高校发展历史和所依托学科的不同，园林专业建设也不尽相同。各校根据自身特点，办出特色，为地方培养特色化的园林专业人才。

根据国家发展战略和教育部专业目录调整后的发展方向要求，园林专业要人力培养能胜任旅游发展、美丽中国建设等各类园林工程的技术与管理工作人才，需要充分发挥园林专业建设与旅游紧密结合的基础优势，特别是以园林背景师资为主导的师资优势和处在民族地区的区域优势，明确为旅游发展、美丽中国建设培养专业技术人才的发展目标。通过与旅游管理学科的交叉与融合发展，发挥旅游管理学科的建设优势，实现教学研究平台共建共用，强化民族旅游景观方向的人才培养与研究特色。

三、围绕能力提升构建特色化人才培养体系

（一）以应用型复合培养为核心，优化专业课程体系

优化园林专业的课程结构体系，制定适合于应用型复合能力培养的园林学科内容和结构体系。一是以提升实践能力为目标，将园林专业课程设置为四个模块，即基础理论模块、技术培养模块、专业知识模块和综合设计模块。灵活处理基础模块和技术模块的关系，努力打破专业与学科之间的横向空间壁垒，开发综合性课程，实现课程整体优化，推进教学平台共建和资源共享；二是积极推进教学方法改革，带动教学改革向纵深发展。探索"以项目为中心"的园林规划设计课程群建设，探索"微课"等新媒体技术在专业课程教学中的应用，探索毕业实习与毕业设计优化提升模式。

（二）以校企合作、技能教育为重点，完善实践教学体系

园林专业实践教学的目标是迎合市场需要，紧跟实践要求，培养学生科学的、艺术的、多目标的、建设性的构思能力、调整能力和可操作化能力，通过实践教学环节的设置，实践能力和创新能力的培养，提升园林专业人才的实战能力。主要可从以下

几个方面展开研究与实践：一是以应用型人才培养为导向，建设以培养设计能力、创造性思维和表达能力为主的实践教学体系；二是抓重点，搞特色，讲效率，深入推进并实施园林学生创新创业训练计划，开展技能型教学，提高实践教学质量；三是积极推进实训仿真化、实战化工作，采取课堂内外一体化、实习与就业结合、院内教师与设计单位工程师相互配合等方式，在校企合作、工学结合的过程中，探索并且建立若干校外实习、实训基地，使之成体系化和常规化发展。

（三）以师资队伍、平台建设为抓手，夯实人才培养保障体系

保障体系建设包括师资队伍建设、教育服务体系建设、教学管理平台建设等，主要可从以下几个方面展开研究与实践：一是研究"双师型"师资队伍建设，采用引进、培训、聘用的办法，构建产学研教学平台，建立"双师型"师资团队；二是强化教育服务体系建设，将职业指导与日常的专业学习密切结合，贯穿于学科教育的全过程；三是加强教学管理平台建设，以特色实践教学为主，使产学研一体化办学系统化、制度化，利用实践教学网络管理平台，从而有效保障教学质量。

第三节 园林专业课程体系建设

园林学作为以园林规划设计为核心的学科，涉及了建筑、城规、环境、生态、林学、地学、社会、艺术等领域，是一门建立在自然科学和人文科学基础上的学科，它的核心是协调人与自然的关系。园林专业课程体系在遵循《高等学校园林本科指导性专业规范》的基础上，应该根据高校和地方发展情况，结合人才培养目标进行特色化建设。

一、园林专业课程体系建设的原则

课程设置是实现人才培养目标的关键。与培养目标相适应的课程体系，不仅仅能让学生具备科学的知识体系，也能为学生未来的职业生涯奠定坚实的基础。目前，社会急需园林应用型人才，而部分学校培养的学生所学知识与社会脱节，满足不了社会的需求。园林专业应根据社会发展需求，建立全新的园林专业人才培养方案，综合改革系列课程，优化课程设置，以期培养出适应社会需要的应用型园林专业人才。

园林专业课程体系键设的原则主要体现在以下四个方面：

第一、社会化原则。园林专业人才是为社会服务的，在新经济时代，园林专业更趋于国际化、多元化、复杂化和规范化，构建的课程体系要能培养出适应发展需要并且掌握其变化规律的人才。

第二、素质化原则。社会需要的是基础厚、口径宽的"金字塔"形人才，教育的重点是培养大学生的创造能力、思维能力和综合素质。在课程体系构建中，必须注重园林专业人才的素质教育。

第三、综合性原则。在课程体系构建中，应统筹兼顾人居环境教育背景，合理设置城乡规划类、建筑类相关课程。

第四、特色化原则。应基于特色化人才培养目标，融入旅游规划设计类课程，突显旅游景观规划设计特色。

二、园林专业特色课程群建设

园林专业紧密围绕人才培养方案，制定课程。根据园林专业毕业生所从事的三大类工作，即园林规划设计、园林植物应用与景观工程管理、旅游景观规划，制定园林专业主要的知识体系。知识体系由公共基础课群、专业基础课群和专业课群构成。

在打好基础的同时，重点建设专业方向，合理设置园林专业的课程结构。园林规划设计，主要从事各种户外景观和绿色空间的设计，其专业课主要设置为园林初步设计＋园林规划设计原理＋种植设计＋园林规划设计＋园林建筑设计。园林植物应用与景观工程管理，其专业课主要设置为园林植物学＋景观工程与技术＋园林绿化施工与管理＋园林经济管理。旅游景观规划，主要为旅游风景区提供科学合理的规划，其专业课主要设置为旅游景观规划原理＋景观游憩学＋旅游策划学＋旅游景观规划设计。

三、基于人居环境科学的课程体系建设

（一）人居环境教育的缺失

人居环境科学是以建筑学、城乡规划学、园林学为核心的多学科群组。建筑，是广义建筑学的具体实践，城乡规划要求对区域的整体发展进行科学、合理的规划，园林包括大地园林化建设与自然保护区的划定。虽然三者考虑的角度不同，但都有着共同的目标，即创造舒适的人居环境，实现人与自然的和谐发展。因此，人居环境科学的产生具有重要的科学价值和实用意义，而有关人居环境科学的教育也随着时代的变迁，也成为人们关注的重要课题。

随着科学技术水平的提高，使得园林规划设计受时间和地域的限制越来越小，表现出较强的适应性，但同时也不可避免地出现了盲目追求形式、流派、风格而忽视地区气候、能源等地域特点和自然条件的现象。这不仅仅造成了资源的浪费和建筑能耗的居高不下，也导致了诸多建设工程地域特色的缺失。良好的人居环境所体现的应该是充分、合理地利用自然环境，达到人与自然的和谐相处。

尽管国内从事园林规划设计工作的人员数量与日俱增，但相当一部分从业人员对于人居环境科学体系的认知还较为缺乏，导致了大量设计方案的机械化与模式化。虽

然一些高校的部分专业（如：建筑学、城乡规划学等）设置了人居环境科学课程，但在园林专业本科教学体系中独立设置此课程的院校却不多，所以导致了该课程没有得到广泛的推广与应用。

（二）课程建设中增强人居环境科学教育

据中国园林教育大会统计，全国已有 220 多所院校开设园林、园林及相关专业，每年招收各类型、各层次学生超过 2 万人。为了适应行业和社会需求，开设此类专业的院校数还会增加，专业的发展将面临新的机遇与挑战。因此，各院校除了安排必要的专业课程以外，还需增加具有地域特色的教学内容。随着全球化与城市化进程的快速发展，地方特色文化受到各种外来文化的冲击，其具体表现为国际现代化形式的增加及地域文化形式的减少。而这种不良现象的改变，不仅仅需要规划设计建设与管理的正确引导，还应该从根本上注重专业人才的培养，强调人居环境科学的重要性，突出地域特色的教育。具体表现为：加强建筑、聚落与所在地域的自然生态要素、文化传统、经济形态与社会结构之间的特定关联，强调聚落、建筑与自然环境的相融；尊重聚落环境和地段所形成的整体布局和肌理；注重聚落和建筑融入地区的历史人文环境。

1. 教学体系中增加人居环境科学课程

人居环境科学具有很强的综合性，以现实环境中复杂的问题为核心，结合多学科的方法与途径，对经济、社会、文化、生态等诸多因素展开思考和研究。在园林专业教学体系中，设置人居环境科学相关理论、方法与技术课程，这样有利于形成园林专业的特色教育。

2. 教学内容中渗透人居环境科学知识

在园林专业的教学内容中渗透人居环境科学的理论方法是进行特色教育的主要方式。人居环境是由自然、人类、社会、居住、支撑这 5 类子系统来组成，在任何一个聚居环境中，这 5 个子系统都存在并且相互影响，系统的运作需要 5 个子系统的统一协调才能完成。因此，在教学内容中应结合不同课程的特点逐渐渗透人居环境科学的知识，使学生从不同角度、不同层面掌握该学科的整体构架。例如在专业基础课程的教学中应强调人居环境科学的基本理论，而在设计类课程的教学中则应注重培养学生分析地域条件的能力，认知平原与山地城市、沿海与内陆城市之间的差异，进而为符合地域特色的人居环境设计奠定基础。通过在不同课程的教学内容中渗透人居环境科学知识，可以促进学科之间的有机结合，也更加有利于学生对于人居环境系统概念的理解。

3. 教学方法上应用人居环境科学技术

随着信息时代的到来，园林专业涉及的技术方法得到了很大的提高。空间定位技术、航空航天遥感、地理信息系统等现代信息技术的发展及相互渗透，逐渐形成了以地球空间信息系统为核心的集成化技术系统；而地球空间信息科学又是人居环境科学研究的一个前沿领域，它将空间信息科学技术融入人居环境科学的学科体系，将遥感、全球定位系统和地理信息系统等技术方法运用到人居环境跨学科体系中并且服务于每个系统和层次。由此可见，通过现代技术方法的运用，按照人居环境科学研究的需要和应用特点，在地理信息系统的平台上建立相应的数据模型和应用模型，不仅可以在技术方法上补充与完善园林专业教学的不足，还能为进一步探索园林与人居环境之间的联系与发展提供新的思路。

4. 教学实践中提升人居环境科学认知

教学实践环节是提升学生对于人居环境科学理论认知的重要途径。通过在实践环节中加强人居环境知识的传授，不仅有利于学生具体、深刻地认识该理论，还有助于培养学生从实践过程中发现问题、解决问题的能力。吴良镛院士提出的"以问题为导向"进行人居环境科学研究，对园林专业的教学提供了新的思路与方法。菊儿胡同、北京旧城保护、危旧房改造、新四合院设计、住房制度改革等设计与研究充分体现了问题导向下实践的重要性。建筑与城市规划的目的就在于对各项建设与规划的引导与控制，具有较强的实施性与应用性，因此在教学过程中应加强实践环节，培养学生多角度、多层次分析和探索人居环境科学体系的能力，充分理解该体系与园林学科之间的关系，从而使学生从不同层面上来了解人居环境系统，以此体会地域环境的不同所带来的人居环境的差异，进而引导具体的设计与实践。

四、专业课程体系调整与保障建设

（一）适当调整课程教学内容

1. 根据社会需求调整教学内容

教学内容是促使学生全面发展的核心。园林专业应设置能体现理论与实践相结合的教学内容，体现信息化、综合化与动态化的特点，鼓励和号召教师将最新科研成果与科学理念引入教学内容，帮助学生了解园林专业的最新发展动态，开阔视野，掌握最新知识。

园林学是一门综合性和应用性非常强的学科，实践教育在专业教学中的意义重大。在教学中要理论结合实践，使学生更感性、更直接地掌握所学专业知识，巩固课堂教学成果。给学生提供解决实际问题的机会，以此来做到学以致用，在实践中运用和检验已学知识，思考和发现未来的学习方向和内容，学习和积累新知识，也使学习的目的更加明确，学习更加自觉和主动。例如社会上对景观工程施工管理人才需求量越来越大，那么在园林教学中应适当增加这方面的内容，课堂与实地讲解相结合，让学生了解景观工程施工的流程，掌握施工所需的园林材料，学会合理安排施工时间和人员、降低施工成本等。

2.教学形式的多样化和丰富化

要培养园林应用型人才，就要熟练掌握社会生产或社会活动一线的基础知识和基本技能，以社会对专业人才的要求为基准，把实践教学作为贯通有关专业知识、集合有关专业技能的重要教学活动，促进实践教育的进一步发展和完善。

教学形式的多样化，能激发学生的学习热情。第一：运用多媒体教学。多媒体教学具有信息量大、图文并茂、生动形象的优点，特别适合园林专业的教学。在教学中增加大量直观的图片、案例、影像等资料，使学生更易理解所讲的理论知识。第二：加强案例典型教学，激发学生的创造性。尤其是设计类课程的教学中，将优秀园林规划设计项目进行剖析，并在实验设计中要求学生提出自己的想法和观点，以激发学生的创作思维。第三：加强实地实景教学，结合课程内容进行现场教学。例如园林工程的教学，应该把学生带到园林施工现场，让学生去看园路是怎样铺设的，驳岸是怎样修建的等。有条件的学校可以专门开辟一块场地，让学生把自己的设计变成现实，切实体会园林施工的过程。第四：采取互动式的教学方式。在园林专业的设计类课程的教学中，结合学生设计作业中反映的具体问题，将学生的设计集中起来讲评，或者让学生介绍自己的设计方案和老师、同学一起进行探讨，形成互动式的教学形式。

（二）强调培养学生的综合能力

扎实的专业理论知识是学好本专业的基础，同时还需要强化学生的动手、组织和沟通能力，提高学生的综合素质。在实习教学中，通过组织学生到各类城市绿地中实测与调查，强化学生的空间感及空间分析能力，注重领会项目中遇到的现实问题，培养学生求真、务实的设计思想。学生通过自己动手设计，独立、完整地表达自己的设计构想，并且用精练的文字表达设计理念，将自己的设计方案用流利的语言进行表述，然后与老师、同学一起讨论、讲评。这样既提高了学生的设计素质，又激发了学生的学习热情，锻炼了学生的动手能力、独立思考能力、沟通能力和解决实际问题的能力，全面提升了学生的综合能力。

中国园林在近十几年得到了快速发展，在发展的过程中会出现各种各样的问题，园林专业教学要做的是传承和发扬中国传统园林的精髓，借鉴国外的成功经验，探索具有中国特色的园林发展之路。园林学科建设成功与否关键在于人才的培养，根据社会需要定位人才培养目标，合理地设置课程并提高教学质量，才能培养出高素质的园林人才。

（三）注重提高教师的业务水平

教师在教学中发挥着关键作用，学生知识能力的获取与教师素质有着直接关系。

想要培养应用型人才，首先要求教师具有创新的教育观念与良好的综合素质。园林专业的教师除了要求具有扎实的理论基础、广博的知识，掌握现代化的教学方法等之外，还应该具有较高的教学能力和较强的实践能力，因此建设一支素质优良、结构合理的师资队伍是不断提高园林专业人才培养质量的关键。要建设一支好的教师队伍，可采取以下措施：①注重选拔和引进学科带头人与学术骨干，积极引进高学历、有实践经验的优秀人才，强化师资队伍；②邀请行业专家对教师进行职业实践培训指导，组织安排教师到风景区、公园、大型园林绿地施工现场等一线岗位进行挂职锻炼；③鼓励教师参加学术研讨会、学术报告会，参与课题研究，撰写学术论文，以此来提高教师的科研能力，轮流选派骨干教师到兄弟院校进行学习与交流；④积极鼓励和促进专业教师参与市场竞争，对外承接旅游规划设计、园林规划设计、园林工程施工或技术咨询任务，在实践中不断积累经验和提高能力。

第三章 园林规划教学理论改革

第一节 园林规划设计能力培养与教学改革

我国提出了建设美丽中国的要求，这就意味着在强调自然生态环境保护的同时，还需要优化自然和人工生态系统，以便于提供宜居宜人的生活环境。园林专业必须注重学生的园林艺术素养和计算机辅助设计能力，以及园林规划设计、城市绿地规划设计、园林景观建筑设计能力的培养，为美丽中国建设目标的实现提供必需的专业人才支撑。

一、园林景观艺术素养的提升与教学改革

在园林专业学习过程中，本课程起着引导学生进行景观设计分析、鉴赏的作用。其教学目的在于通过教学，使学生掌握园林景观风格样式、造型规律、景观设计、基本要素以及造景技巧等知识，并且能够综合运用于实际设计之中，培养并提高学生对园林景观艺术的鉴赏、分析能力，使学生具备解决一般设计问题的能力，为"园林规划设计"、"园林建筑设计"等后续课程的学习奠定良好的专业基础。由此可见，"园林景观艺术"课程具有很强的理论性和实用性，相关教学改革都必须围绕这两个特点进行。随着园林艺术的深化以及在景观创新上的更高要求，"园林艺术设计"课程原有的知识体系已经不能满足专业发展的要求，必须对这门课程的教学内容、教学手段及考试方法等进行一系列的改革，才能适应专业的发展。

（一）优化教学内容

目前，国内有不少高校开设有园林及相关专业。但是由于学校背景不同，园林专业"园林景观艺术"课程内容的偏重也各有不同。如：传统农林院校多从中西方传统园林的造景艺术进行内容安排，注重植物造景艺术的学习，理工类和综合类院校则多从西方古典园林和现代西方景观进行内容安排，强调建筑艺术的学习。园林景观艺术教材主要有元炯主编的《园林艺术》、罗言云等主编的《园林艺术概论》、屈永健等主编的《园林艺术》等。

（二）改革教学方法和手段

1. 灵活运用多媒体和虚拟现实技术教学，提高教学效率

将实地考察拍摄和网络搜集的资料图片制成 Hash（动画作品）、PPT、影像视频等，充分利用多媒体技术，讲解不同国家、不同时期、不同类型的园林景观的造景艺术。多媒体技术的运用在成倍增加信息承载量的同时，使专业课程的学习更加生动、形象，有利于互动启发式教学的进行，使枯燥的理论变得易于接受与理解，同时也相对减轻了教师的讲课负担。为了使学生不走出课堂就能亲身体验和考察成功案例，本课程创新性地借用旅游学院中心实验室的三维模拟导游系统，以游览者的视角，从不同角度去感受、观察、分析典型园林景观的造景艺术。例如：学生在课堂上能够模拟体验苏州园林、北京皇家园林等古典园林的造景艺术。

2. 加强案例和现场教学，理论联系实际

在教学中引入经典的园林景观案例，讲解时运用启发式教学方法，引导学生扩散思维，激发学生学习的主动性。尽量引导学生运用所学的理论知识分析案例的优点和不足，以及如何灵活地运用于具体的设计当中。教学案例的选择要有典型性，同时要注意不同方案的对比分析，以便利于学生在今后的园林景观设计中取长避短。现场教学是理论联系实际的重要途径，没有大量的优秀园林景观的认识和感知，不可能鉴别出不同方案的优劣，更不可能做出高水平的园林景观设计。桂林作为世界著名的风景游览城市和历史文化名城，不仅仅有著名的岭南园林（如：桂林雁山园），而且在现代园林建设中也颇有建树（如：广西园博园、桂林两江四湖）。选取其中优秀的案例，合理安排线路开展现场教学，让学生对某些关键景点的造景艺术进行观察和体验并绘制草图。与此同时，也应该带学生到正在施工的园林，让学生熟悉园林景观艺术具体的塑造过程。

3. 开展专题学习与讨论

为了配合教学的内容和进度，教师可挑选其中 1~2 个专题在课堂上集中讨论，其他的专题以课后作业的方式进行。通过专题讨论，使学生能够带着问题学习，这种形式开拓了学生的视野，激发了学生的学习兴趣，引发了学生对园林相关问题的深入思考，培养了其独立思考的习惯和自学能力。

（三）提高授课教师的业务水平

"园林景观艺术"课程教学的专业教师不仅要有扎实的理论功底，还要具有丰富的实践经验。长期以来，大学教师的培养是从学校到学校的模式，这就导致很多教师理论有余而实践不足的现象。为了丰富教师的实践经验，园林专业一方面轮流分派部分教师到相关的设计单位挂职，使教师的实践经验得到迅速提高；另一方面组织专业教

师赴国外进行针对性的考察学习，或推荐教师到国内外一些重点大学学习、进修。此外，学校还应该制定相关政策，并且从相关设计院或公司引进实践经验丰富的技术骨干。

（四）完善课程考核体系

"园林景观艺术"课程教学的主要目的是让学生掌握园林景观艺术的基本理论知识，提高鉴赏能力，并且能灵活运用于具体的设计方案之中。为了全面客观地评价学生的学习水平，园林专业在课程考核中采用综合评定的方式，取代传统的以课程论文或期末考核为主的教学评价体系。课程考核中基础理论知识的掌握以及知识的灵活运用是考核的重点，同时也要重视参考学生平时的表现，结合相关教学研究以及学院教学实际情况确定各考核内容权重，最终确定了"园林景观艺术"课程的考核标准，即专题讨论及表现占总评成绩的 30%，考勤占 10%，期末课程考核占 60%（其中，基础理论知识考核占 40%，课程论文占 20%）。这种考核评价标准综合考查了学生在学习全过程中的表现，同时体现了"能力本位"的考核理念。

（五）教改效果

通过一系列的教学改革，丰富了课堂内容，激发了学生的学习兴趣，提高了学生的设计素养，教学效果有着明显的提高，授课教师的业务水平也有了较大提高。教学改革是一个持续的过程，在今后的教学工作中，需要不断地根据教学中出现的新问题、新情况，大胆地改革与探索，不断总结与完善，以此来全方面提高教学质量。

二、计算机辅助设计能力培养与教学改革

"计算机辅助设计"是园林专业的基础课。随着计算机技术的日益提高，特别是各类绘图软件的进一步完善和智能化，使计算机辅助设计得到了广泛的应用。计算机辅助制图，相对于传统的徒手绘制具有快捷便利的优势，可以使图形、图像、文字等信息更精确、美观，使园林规划设计更科学、合理，因此计算机辅助制图正在逐渐代替传统的手工绘图。近年来，随着 GIS（地理信息系统）、BIM（建筑信息模型）、参数化设计、生态辅助设计逐步应用于园林专业，计算机辅助设计的内涵不断丰富，推动了园林规划设计、工程设计领域的技术革命。通过对毕业生工作情况的分析，发现具有较好计算机辅助设计能力的学生更容易找到工作，也更容易触类旁通，适应新的辅助设计软件，从而能站在本领域的前沿。特别是在建设美丽中国的背景下，需要有高水平的园林设计师，把他们好的设计、想法通过计算机辅助设计表达出来。

（一）正视认识误区，树立正确的教学观

在园林专业"计算机辅助设计"课程的教学中，部分教师和学生认为学好计算机绘图软件操作，绘制出漂亮的园林图纸，就能成为很好的景观设计师。但是个别教师

只教授自己熟悉的计算机绘图软件，在教学设计中没有强调专业基础知识和专业技能的结合；部分学生单纯地将大量的时间花费在计算机绘图软件的操作学习上，期望凭借熟练的软件操作成为优秀的园林设计师，造成学生对该课程教学认知的偏差。真正的园林设计师，应该具有良好的文化背景，并且对社会的发展有深刻的认识，不会只片面强调绘图软件的重要性。如果忽视基础专业知识的学习，就会违背开设园林专业的初衷。计算机作为辅助设计的工具，能够把我们的设计想法更好地表达，但是它无法辅助园林设计师进行深度思考设计方案。

为了培养适合美丽中国建设需要的园林设计与规划人才，需要走出园林专业"计算机辅助设计"课程教学的误区，进一步转变教学观念，树立正确的教学观。首先，强调教学是教与学的结合，教学效果是教师与学生互动的结果，只要这样才能真正实现培养园林设计师的教学目标。其次，强化基础知识的教学，如：强化手绘练习来提高对透视的把握、空间感的表达以及色彩搭配等构图基础技能，掌握园林设计的理论知识，在使用计算机软件绘图时能更好地表现，使设计水平得以真正的提高。最后，结合专业知识和实践，开拓学生视野，学习国内外经典案例，并且在实践中寻找设计灵感，课程教学不能孤立于专业课的学习，应该建立园林全方位、多角度的教学体系。

（二）把握市场需求，调整教学目标

目前，国内许多高校的园林专业都开设了"计算机辅助设计"课程，但由于不同学校设立的园林专业方向和要求不同，"计算机辅助设计"课程教学体系也千差万别，教学方式、方法和内容都有所不同。园林专业的教学目标要求人才培养与市场紧密结合，因此园林专业"计算机辅助设计"课程的教学要根据市场需求调整教学目标，以培养学生动手能力为重点。一是通过教学让学生掌握制图、辅助设计及方案表现的计算机手段与技术，能够灵活运用相关设计软件，方便、快捷、美观地表达出设计者的设计意图，达到灵活设计的目的。二是通过教学让学生领悟手绘与计算机辅助设计相结合的内在机制和合理途径，用多种方法、多个角度来正确表达设计者的思想。三是通过教学有效地帮助学生学习其他设计课程或专业课程，包括"园林规划设计""种植设计""园林建筑设计""园林工程概预算"等。四是通过教学引导学生自主学习GIS、BIM、参数化设计、生态辅助设计等计算机辅助设计软件，逐步适应园林数字化设计发展的需求。计算机辅助设计在园林专业中扮演着重要角色，在教学中要始终贯穿园林文化教育，全面提高学生专业素养，使培养的人才不仅能够进行园林设计，而且还能够设计出具有文化底蕴和艺术美感的作品。

（三）基于学科发展，优化教学内容

2011年，国家公布的本科专业目录将园林专业确定为一级学科，与城市规划、建筑设计一并成为解决人类居住问题的三大学科。园林规划设计的范围小到私家庭院，大到区域性规划。园林规划设计的步骤为前期调查分析—方案构思—方案细化—方案表现—方案实施，既要对规划场地的气候、土壤、水文、地理、生物、构筑物等客观要素进行综合分析，也要用特定的元素来表现场地的人文价值和历史文化。以往的园林专业"计算机辅助设计"课程的教学内容主要针对方案表现，使得绘制的图纸更加美观与真实，但并没有使设计更科学合理、更具有创造力，它的教学内容远远不能满足园林学科发展的需求。因而根据学科发展的需要，园林专业"计算机辅助设计"课程教学内容可分两大部分：计算机辅助绘图和计算机辅助设计。计算机辅助绘图要求学生从彩平图、效果图、施工图的表现到最后的工程概预算都要掌握。根据各学校专业设置的特点，选择适用性、通用性和易用性高的软件进行学习，一般选择AutoCAD、ketchup 和 Photoshop 三个软件。计算机辅助设计是将园林规划设计的整个过程依靠计算机科学分析和评价，使设计逻辑更加理性客观，增强设计者对规划区域复杂环境的掌控力，也使设计表达更具人性化、科学性和体验性，最终使规划区域景观兼具科学、艺术以及社会价值。

（四）依据教学规律，合理安排教学时序

园林专业教学的最终目标是使学生能够将专业知识运用到实践设计中去，用所学知识解决具体的问题。为加强学生的应用能力，需要通过计算机辅助设计来完成，帮助实现相关专业课程的最终教学目标。园林专业的"计算机辅助设计"课程着重培养学生设计方案、绘制图纸等能力，逐步引导学生通过计算机辅助设计使场地分析、设计逻辑和设计结果评价更为科学合理。通过"计算机辅助设计"课程的教学，完成专业课程的设计任务，从而提高专业课程的教学质量。

"计算机辅助设计"课程分基础辅助绘图阶段和提高辅助设计阶段。基础辅助绘图阶段强调运用软件对具体项目进行方案设计、效果图表现等。所有的辅助绘图都必须有科学合理的设计或方案构思，以及必要的专业知识。虽然"计算机辅助绘图"是专业基础课，但在教学时需要安排在部分专业课后，诸如"园林规划设计"等，强调对专业课的辅助。通过其他专业课程的学习，初步掌握园林制图规范、园林景观表现手法、园林设计知识、园林施工识图等专业知识，从而在应用计算机软件时做到"心中有物"。如果教学时序安排的不合理，学生缺乏园林专业的基础知识，在学习计算机辅助绘图时没有相关的园林设计原理作为理论依据，既无法使学生真正理解计算机辅助设计的重要价值和意义，更影响学生在以后的工作中运用计算机辅助设计对自己设计思想的表达能力与兴趣。

学校一般将"计算机辅助设计"课程作为专业选修课开设在大三或大四。学生到了大三，对园林规划设计内容有了基本了解，掌握了辅助绘图方法。同时为了让使规划设计项目前期的分析更加科学合理，在大三的第一学期要开设 GIS 专业选修课程，

第二个学期开设 B1M 专业选修课程。到了大四，学生对园林规划设计有了深刻的理解，并且开始接触园林学科发展的前沿。因此在大四可以开设"参数化设计"和"生态辅助设计"两门选修课程，为学生毕业和正式进入工作岗位打好稳固的基础。

（五）根据教学目标，创新实践教学

培养学生的动手能力是"计算机辅助设计"课程的重点教学目标之一。动手能力的培养需要加强实践，一方面要充分调动学生的积极性、主动性和创造性。为调动学生的求知欲，启发学生了解课程内容的探索精神，要广泛开展案例式教学。在授课过程中，以一套完整的景观设计方案为案例，从平面图、立面图、剖面图、节点效果图到鸟瞰图表现等深入分析与讨论。具体步骤是：首先展示具体设计方案；其次讨论方案的优缺点，教师从制图规范、平面构图、色彩搭配、主次表达、细节处理等方面逐一分析讲解；最后布置课后作业，诸如参照具体的案例运用计算机辅助设计进行居住区景观规划设计。在完成作业的过程中，学生通过案例的再分析、查阅资料、设计、制图，强化对课堂知识的理解与运用；另一方面要充分利用现代化多媒体教学手段，发挥教师的引导和启发作用。传统的多媒体教学多以放映幻灯片或平面图像为主，不能完全满足园林专业"计算机辅助设计"课程的教学要求。根据园林专业的特点，为了提高教学效率，应该在专用电脑房授课，由教师主机控制学生的电脑进行一对一教学，并且引入动画演示与制作。同时也要充分利用网络教学功能，网络具有信息量大、内容广泛、更新速度快等特点，可以为教师和学生提供更好的交流平台。教师和学生可以通过网络平台，免费获取最新的园林制图软件和教学资料，以便于更新教学内容。网络教学作为课堂教学的补充和延伸，教师可以在网络开设学习论坛，引导学生参与讨论，通过文字、图像、音频、视频等及时解决课堂教学中存在的问题。

（六）围绕教学任务，强化软硬件建设

"计算机辅助设计"课程教学中的软硬件包括：教师队伍、教学设施、教材和案例库等。一是软件教学建设方面，要有一套完整的教学方案，从彩平面的 Photoshop、建模和效果图的 ketchup、3DStudioMax，以及施工图的 AutoCAD、天正软件的运用，到后期 lumian、AE 渲染的运用等，让表现手段更加多样，效果更好。同时，教师也应该具有长远的目光，把握计算机辅助设计的发展趋势。由于计算机辅助设计软件不断的更新换代，部分园林专业教师不会使用图形辅助设计软件，在一定程度上造成了设计教学的脱节。部分学校安排园林专业教师与软件设计教师共同担任计算机辅助设计教学任务，由于两位教师的配合默契程度不够，往往达不到理想的教学效果。随着信息时代和数字时代的到来，新的计算机辅助软件和设计方法不断出现，因此要求这门课程的专业教师需要不断加强园林专业知识的学习，以及更新计算机辅助设计软件的教学内容和教学方法，以此来适应时代发展的需要。二是计算机硬件建设方面，这门

课程强调实践操作，需要有与之相配套的教学设施和条件。但长期以来许多高校的办学条件落后于社会行业，特别是计算机辅助设计教学中使用的计算机更新速度远赶不上软件的发展速度，严重影响了教学水平和教学质量，因此要根据计算机技术的发展，配备相应的教学设施。三是教材和案例库建设方面，应该购买一些好的教材和案例库。针对不同的设计方案及不同项目对软件要求的不同，进行差异化学习。加强教材和案例库学习，与相关项目进行同类化学习，以便于更好地与所学知识相连接，从而提高学生的实践能力。四是实际运用方面，教师尽可能地给学生提供实践场地，从实地考察、分析构思、提出方案设计到施工图的完成，这一完整的教学过程，对提高学生的方案设计能力有很大的帮助，将计算机绘图与园林专业教学实践相结合，发挥计算机辅助设计在实际中的运用。

三、园林规划设计综合能力培养与教学改革

在园林专业教学体系中，"园林规划设计"课程一直是核心部分，直接服务于园林专业实践。其培养目标是使学生具备园林规划设计的基本知识和基本技能，具有各种类型公园、绿地规划设计的能力，为园林规划设计、城市规划设计、建筑设计、环境与保护、旅游游憩等部门提供掌握园林专业知识的高级人才。

"园林规划设计"是园林专业开设的一门专业基础课。在教学过程中除了要求学生掌握基本的理论知识，将所学的原理运用到设计实践中，促使学生积极思考，还要求老师在课堂上、课堂下最大限度地发挥主观能动性，调动学生的动手能力，要求理论结合实践培养学生的创新意识和创新能力。但是，现有的课程体系并不能够完全实现教学要求，还存在着一定的问题。

（一）"园林规划设计"课程教学存在的问题

1. 教学内容的问题

"园林规划设计"课程没有完善的教材，教师讲授的内容基本不能和使用的教材对应起来，使用过的几本教材内容不是过深就是过浅。学生上课不看教材甚至不带教材，导致上课时只顾着做笔记，并没能很好地理解老师上课所讲的内容。老教材的内容已经明显跟不上形势了，诸如园林规划设计自身的理论和方法，其教学比重要高于城市公园、居住区、单位附属绿地等各项园林绿地规划设计的教学，这在当时是符合社会发展的基本情况。但是由于课时以及实验项目的安排是在大纲编排时确定的，后期仍是按照原有的人才培养方案，而现在与当时的人才培养方案相比有一定的变化，没有因实际情况而定，因此教师在授课过程中只能泛泛而谈、浅尝辄止，学生对设计的表达方法都会，但又都不精通，缺少团队合作训练和专项训练，实践能力较弱，而面对市场需求最广泛的居住区景观设计无法真正胜任。因此针对这种现象，改革教学内容，

转变教学重点，加强专项训练，这些问题都迫在眉睫，关键在于怎样优化教学内容、如何选择适合该专业特点的教学方法。

2.教学方法的问题

"园林规划设计"课程现有的教学方式以教师灌输知识为主，学生在学习过程中处于被动接受的状态，即"满堂灌"的教学方法。这种被动式的学习，基本上都是教师先讲授，然后学生通过模仿老师的知识来进行设计。教师仅仅只是在学生设计的过程中进行指导，并没有充分调动学生的积极性。这样的教学方法往往是理论脱离实践，创新意识相对较弱，缺乏创造力，不能适应目前快速发展的形势所需要。

3.考核方式的问题

现有的考核方式不能完全达到教学要求，主要表现在以下几个方面：一是考核形式过于单一，主要采取终结式考核，即在课程结束后要求学生设计一套方案，在题型设置上偏向于某一类小场景的景观设计，重点以效果图表现为主。而这种考核模式，很容易将学生引向一种僵化、死板的学习轨道，限制了学生的主动性和积极性，阻碍了创新思维的培养与发展，不能够真正体现出学生的创新能力和综合能力。二是注重考试评价功能，而忽视考试的反馈功能，与大多数景观设计公司的主要表现形式不一致，考核不能与就业要求接轨，使得教学以应付最终考试为主，却忽视以锻炼学生能力为主的平时训练环节。三是无法考核学生的真实水平，没有以考促学，从而无法真实、客观、有效地考核其对知识的理解程度和灵活运用的能力。

（二）"园林规划设计"课程教学内容调整

1.修订教学大纲，完善课程内容体系

根据"园林规划设计"课程的特点，结合新形势下对现代园林规划设计的要求，修订大纲，重新界定教学内容。园林规划设计理论处在不断丰富发展的过程中，其课程教学必须与时代相适应，教师应该及时更新教学理念，调整教学内容，使之在不断的教学实践与应用研究中获得创新。因此，在教学大纲的修订过程中，将"园林规划设计"课程的教学内容划分为景观规划与各项景观绿地规划设计两大板块。其中，以景观规划为基本理论指导，各项景观绿地规划设计为实践课程的主要内容。景观规划板块中包括了城市景观绿地功能、分类、指标结构布局等基本原理和基本知识，也包括了园林规划设计方法和工作程序的教学内容，其主要目的是培养学生把握事物的系统观和整体观。在此大框架的指导下，引入各项景观绿地规划设计板块，主要讲解公园、广场、道路、附属绿地等各项景观绿地规划设计的功能和方法，从而进一步加深学生对园林规划设计的认识和理解，也为其他后续课程奠定基础。

2.重视实践课程，培养学生综合素质

"园林规划设计"的实践课程，主要包含实地调研和课程设计两大方面的内容，它们是"园林规划设计"课程教学非常重要的两个环节。通过调研可以培养学生发现问题、分析问题和解决问题的能力，实践环节是与理论教学紧密结合的。比如：在讲完公园绿地景观规划设计之后，要求学生选择典型的城市公园进行调研，调研内容包括公园的功能分区、游线的组织、空间序列的安排、主题的选择与表达、构造物与小品设计、植物配置等。调研结束之后，学生必须及时整理材料，发现问题，分析问题，最后以图纸形式完成调研报告。

课程设计是本门课程的重要组成部分，其目的是提高学生动手能力和综合素质能力，让学生理解城市景观规划设计的工作内容及要求，进而掌握城市景观规划设计的方法和程序。在课程设计教学过程中，培养学生的综合分析能力、调查研究能力、团队合作能力、审美能力、口头表达能力和动手能力至关重要。在整个课程设计教学环节中理论密切结合实际，以园林规划设计理论为指导，给学生真实的课程设计案例，制定好任务书，要求学生按照园林规划设计程序和方法来完成整套方案设计。按照每组 3~4 人来完成整套方案设计，方案构思阶段要求每个人出一个草案，然后小组一起进行讨论并且确定最终的方案。方案形成阶段，小组可以根据每个人的特长分配工作，有做平面图的、有做效果图的、有手绘也要有计算机辅助设计，要求每个人严格按时、按质、按量完成自己的工作任务。这样做是能够极大地调动学生学习的热情，并以此激发学生思考的积极性。方案汇报阶段，学生必须通过 PPT 的形式演示自己的方案，介绍各自的方案构思，回答老师的提问，这样学生掌握了从理论到实践的整个过程，提高了学生的口头表达能力和综合分析问题的能力。

（三）"园林规划设计"课程的教学方法改革与探索

"园林规划设计"课程的多维教学模式就是以培养学生进行景观规划设计的能力为目的，采用课堂引导式的教学，注重学生景观设计过程中思维能力的培养，将理论与实践、知识学习与能力培养、调查与分析有机结合起来的一种教学方法。根据课程的性质以及学生的具体情况，在教学过程中尝试运用各种教学方法，以体现多维教学模式。

1. 启发式教学方法

根据园林专业的培养目标，在短短的几十个课时里，学生不可能掌握该课程现有的所有专业知识和技能，更何况随着时代的发展，课程教学涉及的相关理论和实践范畴也在日益拓展。因此，在教学过程中应进行各种基本规划设计方法的提炼和一般规律的训练，重视学习方法的培养，注重专业思维的训练。通过专业思维训练，教师在教学过程中强调思维方法，引导学生进行思维体验，促进思维交流；学生在学习过程中研究知识、掌握并"发现"知识，超越原有的知识范畴。这样的启发式研究性教育能更好地培养学生的自学能力、发现问题并提出问题的能力、分析能力、综合能力、创新能力等，从而达到教学目标。

2. 讨论式教学方法

讨论式教学方法是一种在教师的指导下，学生成立学习小组，并且根据具体要求共同收集信息、查找资料，进行自学、自讲，以讨论方式为主的一种教学方法，以培养学生的学习兴趣。例如：在教学过程中，筛选具有代表性的案例给学生进行课程设计。学生以小组为单位对案例进行讨论，提出自己的设计方案，每个小组派代表上台陈述本组方案，进行班级讨论。最后教师进行点评，指出各组方案的优缺点，提出修改意见。学生根据讨论的结果进行方案设计，要求学生在设计案例完成后，排版制作图册，并用电脑演示，进行方案汇报。在方案汇报过程中假设设计方案汇报场景，学生进行相对应的角色扮演，在此期间老师参与指导。通过讨论式的教学方式逐步引导学生主动地参与到教学过程中，而不仅仅是一个被动的受教者。从多层次、全方面、多角度地培养人才，适应市场要求。

（四）"园林规划设计"课程考核体系完善

在考核模式的改革上，改变单一的考核模式，采用形成性考核与终结性考核相结合的方法全面考查学生的学习成效。其中，形成性考核成绩占总成绩的 60%，终结性考核成绩占 40%。形成性考核由平时表现和课程设计成绩构成，平时表现占总成绩的 10%，课程设计占总成绩 50%；终结性考核主要以最终综合设计为主，占总成绩的 40%。课程设计成绩主要由平时专项课程设计和实践调研组成，根据平时表现和课程设计完成情况来考核。终结性考核的成绩将综合以下几项要素：设计思想、设计主题的表达、整体布局、设计手法、设计表现（手绘、电脑）、设计说明书、设计排版、具体的任务来进行分工。

考核内容和方式以全面进行学生综合素质的考核为目的，而不以一次考试定成绩。在考核内容上，要求学生较好地掌握基本理论及基本技能，注重对学生的创新思维和能力进行考核。对方案表现的考核，也不应该仅仅局限于效果图的考核，而是要综合学生分析问题、解决问题的能力及设计理念的表达进行考核。在考核方式上，理论考核和实践考核相结合、专项设计考核和综合设计考核相结合、设计理念考核和设计表现考核相结合，实行"三个相结合"的考核方式。这种考核评价标准综合考查了学生在学习全过程中的表现，同时也体现了"能力本位"的考核理念。

四、园林建筑设计能力培养与教学改革

（一）园林建筑设计教学中存在的问题

多年来园林专业的教学实践一般多围绕中国古典园林展开。虽然通过学习中国古典园林建筑，学生可以很好地吸取古典园林建筑的精华要旨，但是这种以中国古典园林建筑为主体的教学模式仍存在问题，主要表现在以下三个方面：

1. 建筑设计基础相对薄弱

园林建筑设计虽然更多地讲究与环境的充分融合，但是抛开外界环境条件的约束，就其本身而言还是建筑的一种类型。因此，从专业上来看，建筑设计的基础知识对于园林建筑设计是十分重要的。在教学实践中，大多数学生的建筑设计基础较为薄弱。在设计练习中，学生难以很好地把握建筑结构、建筑布局、建筑造型、建筑材料、色彩等与设计的关系，甚至出现有好的设计思想却难以表达的情况，从而影响了最终的设计成果。

2. 教材、参考书相对滞后

园林专业实践性强，设计资源的更新速度快，所以可以这样说教材的及时更新显得尤为重要。而在"园林建筑设计"课程的教学实践中，教材相对滞后的问题已经体现出来了：许多教材以古典园林建筑为基础展开，从亭台楼阁、廊坊水榭、轩厅斋坊等到园林建筑个体和小品设计都一应俱全，但在现代园林建筑涉及的内容较少；许多案例虽然经典巧妙，但由于编写时间较早，难以代表当今园林建筑设计的水准，国外的优秀设计就更少涉及。正所谓"知今而不知古，谓之盲瞽；知古而不知今，谓之陆沉"。现代园林建筑案例仍有待更新与完善。

3. 传统教学方法相对单一

传统的园林建筑设计教学中，理论讲授占据大量课时，教师起主导作用，学生只能被动接受，学习的积极性没有被激发。虽然可以通过单独的实践环节——课程设计来实现理论与实际的有机联系，但由于课时较紧，师生间的互动不够而未能达到预期的教学效果。

（二）夯实园林建筑设计教学设计的基础

从教学实践上来看，建筑结构、构造、空间等相关理论知识的讲授是很有必要的。如果没有扎实的建筑基础知识，想要设计出高质量的园林建筑作品无异于天方夜谭。建筑设计原理、建筑设计初步等设计基础也应该作为基础知识，伴随"园林建筑设计"课程的教学内容展开。这样既能完善整个园林建筑学科体系中建筑属性的要求，又能拓宽知识面，使园林建筑与建筑在一定程度上形成有机结合，从而促进学科的发展。而中国古典园林建筑部分可作为教学的基础和切入点，但所占的比例不应过高，需要更多地结合现代园林建筑理念、风格、案例等，拓展学生视野。

从课程设置上来看，"园林建筑设计"的基础课程，如："园林建筑结构"、"园林建筑构造"应该作为专业基础课要在设计课程之前开设，从而打下较好的理论基础，而"园林建筑材料"则应该作为专业课与设计课程同时开设，让学生理论联系实际，将园林建筑材料的理论知识运用于园林建筑设计的实践中。此外，"建筑文化"、"建筑语言"、"建筑艺术""人体工程学"等相关课程也可以考虑以选修课的形式开设，以进一步完善园林建筑的课程体系。"他山之石，可以攻玉"，触类旁通的教学方式是很有效果的。

（三）精选设计案例弥补教学材料的不足

教学材料的相对滞后必然会影响教学实践，新编教材是解决这一问题的途径之一。通过组织人员来新编教材，使教材贴合现代教学，突出重点、难点，图文并茂，简练直观，语言生动，通俗易懂，并且加大现代园林建筑设计等相关内容在教材中的比例，进行典型的案例分析和理论系统归纳，以此来满足教学需求。但新编教材需要花费大量的时间和精力进行资料的调查与收集，短期内难以完成。因此，任课教师在备课阶段精选国内外优秀案例进行讲解以弥补教学材料的不足就成为一种经济、有效的方法。

案例教学的方法在园林专业的理论教学中非常普遍。案例本身来源于实践，具有很强的可操作性，因此案例教学与传统的"注入式"教学方法相比，更能吸引学生，是一种引导启发式教学。就"园林建筑设计"课程的案例教学而言，在案例的选择上要注意以下几个问题：

1. 新颖

要尽可能地选择园林实践中的最新案例，使案例更加贴近现实。笔者在教学中曾多次选取了当今国内外园林博览会的精彩案例进行讲授，学生兴趣极高，讨论也十分热烈。而在日后的设计中，部分学生甚至在自己的设计中有意或无意地借鉴这些案例中的理念、风格和手法，并"举一反三"，取得了良好的教学效果。

2. 典型

要与课堂教授的理论知识紧密结合，选取最具代表性的案例。诸如园林建筑单体设计的教学就可按其类型划分各选择3~5个经典案例，结合理论一一分析，通过案例分析使学生把握重点从而进行深刻理解。

3. 多样化

除了有正面的优秀案例进行示范，实践中的错误典型也应作为教学的重要组成部分，让学生牢记教训，以避免在日后的实践中犯相同的错误。

此外，在案例的选择上也要避免狭隘的"门户之见"。园林建筑是建筑中的精品，许多"不在园林中"的优秀建筑作品同样也可以作为案例引入教学中，既能开阔视野，又能引导和启发学生进行多角度思考。笔者也曾尝试以建筑设计大师的设计作品为案例进行讲授，虽其"不在园林中"，但学生表示仍能从中受到启示，对于把握设计思想、作品表达等方面还是有很大帮助的。

除了选择优秀案例进行讲解分析之外，也可让学生主动参与到案例教学中来。例如：在教学过程中，由教师提出一个具体的园林建筑设计的命题，让学生以组为单位，利用课余时间查找相关资料和身边的真实案例，归纳、分析、总结，最终选取最为精彩的案例在课堂上进行讲解和评选。通过这个参与的过程，学生的学习主动性和积极性增加，随着小组的讨论与思考，学生对于设计的理解也会更加深刻。

（四）开展多样化的实践教学活动

除了课程设计的传统实践教学之外，在教学中还可以考虑以下实践教学形式和辅助教学手段，以此来期许获得更好的教学效果。

1. 测量法

考虑园林建筑设计对于尺度的把握和尺寸的要求，除了命题的课程设计之外，还可以采用园林建筑实测的方式。例如：对校园或城市公园中的园林建筑单体及其环境进行测量，使学生对园林建筑的整体体量、细部尺寸产生更加全面的认知与了解，也能将园林建筑设计的课程与测量学课程贯穿联系，培养学生在日常生活中注意身边各种尺寸的习惯，提高学生的整体学习水平。

2. 模型法

鉴于园林建筑设计与建筑学的交叉性，在教学实践中我们可以借鉴建筑专业的教学方法，考虑安排一定的学时进行园林建筑模型的制作。既能避免"纸上谈兵"，帮助学生更好地掌握建筑结构、构造方面的知识，对建筑的平面布局、功能空间、立面造型有直观的感受，又能够加强团队协作精神，锻炼空间想象力，提高学习的主动性。

3. 讲评法

设计作品的讲评是教学中必不可少的一个环节，通过讲评学生设计作品，有针对性地提出问题并解答，有利于学生快速提高与进步。除了老师的讲评之外，学生自己讲解设计也是一种很好的方法。笔者曾在课程设计结束时，开展了一次设计讲解与优秀作品评选的专题活动。由学生自行挑选课程设计中的最佳作品，通过讲解、提问、分组讨论、投票四个环节最终评选出优秀的设计作品，并且给予一定的奖励。这样能使学生热情高涨，勇于表达，相互学习，共同进步，获得了很好的教学效果。

4. 展览法

结合课程设计，选取优秀作品定期举办展览也是一种很好的辅助教学形式。这种激励与荣誉并存的方法既能鼓舞学生，提高学生的学习热情，也能为下届学生提供学习素材，可谓"一举多得"。

此外，也应该增加实践教学环节的教学时长，利用老师与学生的直接对话及时巩固理论知识，提高学生的动手能力，使学生更好地掌握课程要求，同时也提高了学生在设计思想、美学修养等方面的综合能力，对园林设计等其他相关课程的学习也能起到一定的作用。

通过对"园林建筑设计"教学内容与方法的探讨、优化，充分把握学科专业特色，弥补当前不足，使教学方法多样发展，以期更加适应现代园林专业的教学需求，为培养园林行业所需的优秀人才做好充分的准备。

第二节 园林植物应用能力培养与教学改革

　　园林学涉及的知识面比较广泛，不同高校依据自身教育资源情况，学科培养方向侧重点也有所不同。但园林植物知识作为园林设计的基础，其作用和地位已在教育界形成共识。作为园林专业的主干课程，园林植物类课程的设置和教学改革对实现人才培养目标及培养学生创新能力具有重要作用。

一、园林植物类课程教学改革的总体思路

（一）园林植物类课程教学改革现状

　　据统计，全国开设园林专业的高校有 100 余所，其中大部分是地方院校。一方面，园林一级学科的设立，对规范学科教学、优化师资队伍和培养合格专业人才提出了更高要求;另一方面,随着"互联网 +"的深入发展，以网络公开课、慕课等为核心的开放、共享教育资源对地方院校园林专业部分基础性强的课程教学提出了新的挑战。与此同时，由于地方工科院校师资力量相对薄弱、教学资源相对匮乏、课时设置较少、学生相对忽视等原因，园林植物类课程的教学成效往往不佳。

　　植物类课程是高等学校农学、园艺、林学、生物学及相关专业的基础课和必修课程。经过多年的发展，植物类课程形成了相对固定的教学模式、配套的教学内容和约定俗成的教学习惯，教学体系相对完善和成熟，相关教学改革研究比较丰富。根据研究特点分为两类：一类以农林、师范类院校为主，作为农学、生物学等专业的基础课，教学模式比较成熟，重点围绕植物学进行教学改革探讨；另一类是综合性或理工类大学，主要是园林和景观设计类专业，重点围绕园林植物类课程的教学内容、方式方法等进行探讨，教学模式基本借鉴于植物学。

　　围绕植物学展开的教学研究，主要根据该课程基础性强、课程容量大、实践操作性强等特点展开，可以分为三个方面：一是优化课程教学内容，在理论教学过程中，注意内容的选择和讲解的详略程度，对于已经学过的内容和较为简单的内容不讲或一带而过；对于直观形象的教学内容，则放到实验、实习课上讲解，以此突出教学的重点与难点。二是通过改进教学方法提高教学效果，丰富教学资源，建立网络信息平台，充分利用现代通信平台开展辅助教学，灵活运用多媒体辅助课堂教学，提出案例教学、概念连接图和探究式教学方法，采用启发式、讨论式教学，开展愉快教育。三是关注实践教学，建立和完善实践环节的教学评价体系，分散实习和集中实习相结合，开展第二课堂活动等，充分利用校园植物建立教学基地，组织系列活动如：树木挂牌、标

本制作等，进行现场教学和直观教学，以此来提高学生的学习兴趣和实践操作能力，从而加强实践教学的效果。

围绕园林植物类课程的教学研究相对较少，可以分为三个方面：一是针对园林和景观设计相关专业开设的"观赏植物学""观赏植物栽培""种植设计"等系列课程，探讨提高学生应用能力的实践教学方法和实践环节安排等。二是探讨园林植物类课程的重要性，目前园林植物类课程设置相对较少，基本只有两门或三门，如"北京林业大学园林专业开设了"园林植物基础"、"园林树木学"、"园林花卉学"三门必修课。同济大学建筑与城市规划学院景观学系主任刘滨谊提出，深刻理解园林专业的特征，明确专业的主要培养方向，掌握与本专业相关的多学科知识，强调专业素质的培养，是现代园林专业教育的基本导向。植物是园林中唯一具有生命力的要素，植物设计应该是园林专业教学的重点内容。三是课程教学方法研究，探讨教学过程中如何调动学生的积极性，增强师生互动，从而保证教学信息的有效传达和接收，改革和运用不同教学方法，把理论讲授和室外实习相结合，作业和研讨等方式相结合，开展项目教学法，建立论坛，引导学生积极加入讨论园林植物有关的热点问题并且交流学习心得。

总体上来讲，目前相关研究对传统植物类课程教学中存在的问题进行了较充分的分析，结合新时期社会发展的需要及科技发展带来的现代教学手段，对理论教学、实验及校外实习提出了一些灵活有效的教学方法和手段，对于不同类型院校相关专业植物类课程教学改革、建立和完善教学体系具有一定的借鉴意义。但是，高等教育专业课程在设置上并不是孤立存在的，而是相互承接自成体系，而在目前相关教学改革研究基本是针对某一门具体课程，缺乏针对一类课程整体进行教学改革的探讨。

（二）园林植物类课程教学存在的问题

1.教材选用难

在农林院校，园林植物类课程主要由"园林树木学"和"花卉学"组成。北方院校的教材多选用陈有民教授主编的《园林树木学》和张天麟教授主编的《园林树木1600种》，南方院校的教材多选用庄雪影教授主编的《园林树木学（华南本）》，"花卉学"课程则大都选用包满珠教授主编的《花卉学（第三版）》。这些权威教材以讲述园林植物的分类、习性、生长发育及栽培管理等为主，对于地方工科院校学生来讲，内容多、专业深、涉及面广，对学生的要求甚高。同时，园林植物类课程的教学必须密切联系学校所在地区的生物多样性和园林应用现状，但是目前相关教材又或多或少的存在一些不足，选用合适的教材是比较困难的。

2.教学课时少

对于"园林植物学"，北京林业大学等农林院校大多安排80学时的课时，且农林院校还一般开设"植物学"、"园林花卉学"、"草坪学"和"园林苗圃学"等课程，课时严重偏少，并且缺少相关课程的支撑。而"园林植物学"教学内容繁多、涉及面广，使得教师的讲课如同蜻蜓点水，未能深入，从而导致学生的学习囫囵吞枣、一知半解，教学效果不理想。

3. 教学条件差

地方院校由于开设园林专业时间不长，缺乏树木园、花卉温室、苗圃等教学设施，教学条件较差，造成教师在平时的教学过程中以课堂讲课为主，实践教学不足，学生对园林植物知识的掌握也仅仅只停留在书本上，一到实际应用就两眼一摸黑。

园林专业在专业素养培养方面，更关注学生实际设计能力，对基础性植物类课程的关注度不够，师资力量和教师钻研课程改革动力不足，导致该类课程存在教学方法陈旧、课程内容强调理论知识、忽略实践技能，课程教学与园林规划设计脱节等问题，最终影响学生综合知识能力的提升和良好知识结构的形成。在如下几个方面急切需要改善提升：

一是教学内容方面。园林植物类课程主要存在两大问题：其一课程在整体上没有形成体系，同类课程间缺乏有效沟通。其二理论讲解和实践应用脱节。从教学大纲设计、教学计划安排到教材选用，基本上是不同教师负责不同课程，具体讲解内容的安排则由各门课程主讲教师确定。教师在备课和教学过程中没有交叉，各门课程孤立存在，作为一类课程没有形成体系，容易造成课程之间无法有效衔接以及部分内容重叠，学生对于该类课程难以形成整体概念。同时实践课程基本集中在景区或植物园进行，专业教师讲解和学生参观相结合，内容安排与具体的设计任务分离，经常独立于规划设计之外，并且一位任课教师同时指导几十位学生，教师无法根据每位学生的特点和对教学内容的掌握程度进行相应的指导，实践教学往往不能达到预期的效果。专业认知实习等实践教学的开展因时间和资金等条件的限制，校外实习基地少，很难满足教学的需要。

二是教学方法方面。园林植物类课程内容多为识记性知识且信息量大，教学基本采取课堂讲述和闭卷考试模式，缺少灵活性和创新精神。长期以来学生习惯于课堂随便听一听、考前熬夜背一背、考后还给老师的学习过程。如果采用传统的教学方法，以课程或教师为中心，关注教什么和怎么教，学生则是被动的表层学习模式，课程结束后所学知识会很快淡忘，达不到理想的教学效果。

多媒体作为主要的教学手段，有利于增加课堂信息量和调动学生的学习热情。植物类课程多为描述性内容，虽然利用多媒体教学，但是以教师为中心单纯地讲述和放映图片，一方面容易导致学生视觉、听觉疲劳，出现溜号和开小差等问题，影响教学效果；另一方面教学使用的图片要求植物特征典型、图像清晰和富于动态化，专业的植物图片需要专业人员运用生物摄影技巧拍摄和制作，任课教师制作时需要耗费大量的时间和精力，同时还会存在一定技术性困难。因此，多媒体课件基本上沿用已有课件或在借鉴相关课件的基础上结合自己课程的特点进行适当修改，在实用方面存在一定程度上的欠缺。

（三）园林植物类课程教学改革总体思路

在新时期，以培养应用型专门人才为目标的地方工科院校应该充分把握互联网、移动终端等新技术广泛应用的机遇，从教学内容、教学方式、教学手段及教学实践等四个方面对园林植物类课程的教学进行全面改革，克服教材、课时、教学设施等不利因素，让学生在有限的课时里掌握园林植物学的相关专业知识，为未来从事园林事业打好坚实的基础。

1.改革教学内容，强化就业导向

应用性体现在实际教学过程中，应该更多地关注园林植物的习性、观赏特性和园林用途等内容，弱化园林植物的分类、分布、生长发育、栽培管理等内容。适应性体现在应结合地方高校主要生源属地和就业去向，选择适用性较强的教材，讲授针对性较强的内容。诸如选择庄雪影教授主编的《园林树木学》为教材，重点讲授木兰科、山茶科、樟科、木樨科、棕榈科等内容，并且以南方园林植物应用景观效果为案例进行分析，能够提升学生毕业后适应社会需求的能力。

根据专业培养目标和培养计划对园林植物类课程内容采用"总—分—总"模式进行改革，主要分为以下三个部分：

首先，把所有园林植物类课程作为一个整体进行调整，加强内容衔接，避免重复。根据多门主要课程的特点，各任课教师在严格执行教学计划的基础上进行沟通与协调，讨论并确定植物类课程的总体要求并进行整体设计。从理论讲授到课程实践划分具体的模块，教学内容贯穿一致，使调整后的课程体系在内容上更加具有连贯性和系统性。

其次，在"总"的基础上，针对具体课程教学内容进行改革。将传统的理论与当前学科发展的新内容相互渗透、有机结合，确定教学主要讲授内容及教材和教辅资料建设，协同进行课程实践环节安排。目前园林专业植物类课程的教材和教辅资料多采用农林院校相关专业的教材，而植物的地域、季节差异性很大，教师应该根据区域特点开发建设高水平的配套教辅资料、开展面向地方的实用型课程教学。实践教学应该理论联系实际，分阶段开展，避免过于集中，以多种形式来开展，既要对所讲授的理论进行验证，又必须与具体的规划相衔接。

最后，要进行相应的效果评价，发现课程在衔接、连贯、实用等方面存在的问题，以及教师需改进之处。教师评价将在原有校级或二级院系评价指标基础上，结合本类课程各任课教师的整体考核情况，计入个人总评成绩。

一方面促进教师间的交流与合作，另一方面学生可以按一定比例将各科和综合考核相结合，从总体上评判园林植物类课程的教学效果。

2. 改革教学方法，增强课堂互动

多媒体教学的广泛使用，让学生在有限的时间里获取更多的知识与信息，使教师的讲授更加简单易懂，有助于园林植物类课程的教学。但在实际教学过程中，由于信息量过大，幻灯片展示速度较快，学生往往跟不上节奏，导致真正掌握的知识不多。因此，在教学中增强课堂互动，调动学生学习的主动性和积极性就显得十分必要。一方面，教师充分运用声、光、色俱全的多媒体课件，直观地讲授园林植物的花、果、叶及整体形态特征，并且通过课堂提问互动，提升学生对园林植物理论知识的兴趣；另一方面，通过让学生在课堂讲授与分享心得来激发学生的学习热情，把枯燥、生涩的园林植物理论教学内容融入学生的学习、生活中去，这样既节省了课堂教学时间，也创造了良好的学习氛围。

教学过程是师生间的双向活动，目的是让学生获取知识，真正的主角是学生而非教师。但学习毕竟不是娱乐活动，而是一个相对辛苦的劳动过程。改革教学方法，探寻学生喜欢、激发潜能且寓教于乐的教学手段，发展以学生为主的互动式学习是提高教学质量的关键。园林植物类课程的教学模式主要有以下几种：

（1）参与式教学模式。

教学活动以教师为主导、学生为主体，改变教师"满堂灌""一言堂"的状况，使学生参与到教学过程中而不只是被动听课，在"教"中"学"。在课堂教学过程中引入研讨式模式，根据教学内容综合运用项目小组法、案例分析法、讨论法等多种方法，提高学生课堂参与的程度，使学生成为课堂的主导者。

（2）实景化教学模式。

充分利用校内园林植物及周边的植物园、公园等资源，建立一种常态的室外课堂，理论课和实践课合二为一开展实景化教学，从而提高教学效果。

（3）师生双向交往模式。

现在很多高校建立或拓展新校区，专业任课教师基本居住在校外，与学生生活、学习的校区具有一定距离，教师下课后便离开，师生之间面对面交流存在一定困难。如何通过课堂调动学生学习、探索的积极性，在课外进行辅导、引导是关键。同时，学生对现代化的信息工具比较熟悉，因此充分利用现代通信手段，建立相关网站、论坛、博客等实现网络化教学，使师生进行即时沟通、信息共享，有利于巩固教学效果，延伸课堂，促进学习。

3. 改革教学手段，共享网络资源

随着越来越多的知名高校的网络公开课免费共享以及"慕课"、"微课"等日益盛行，传统的一本教科书、一支粉笔、一块黑板或者单纯的 PPT 多媒体等教学手段和方法面临挑战。地方高校教师应审时度势，积极适应新技术的发展，在教学过程中主动寻求变革。

（1）共享教学资源。

教师可通过创建自己的互联网教学空间，与学生共享相关教学资源，引导学生从学校课堂教学进入"在线导学"模式,实施网络课堂教学,以此来弥补课时不足的矛盾。

（2）"翻转课堂"。

教师通过制作短小精练的教学视频，把传统的"先教后学"转变为"先学后教"，以便于节省教学时间,增强课堂对话和讨论,强化对园林植物相关视频讲座、电子刊物、植物图库等网络资源的学习。

（3）"微课"互动。

针对园林植物类课程的重点、难点、疑点，制作"微课"，并且通过教师个人的教学空间、微信、微博、QQ 等传播给学生，更好地调动学生课外学习的热情。

（4）网络资源分享。

推荐和引导学生关注有关园林植物网站、微博及微信公众号，如：中国植物图像库、中国自然标本馆、中国园林网、美国园林师协会等行业知名网站及园林植物识别类 APP 等优质网络资源，培养学生自主获取知识的能力，启发、引导学生自主学习。

4. 改革实践模式，提升教学效力

"园林植物学"是一门实践性和运用性很强的课程。由于地方院校普遍欠缺园林植物实践教学基地，应该积极创新实践教学模式，把课堂教学与课外实践、校内实践与校外实践、课堂实践与网络实践相结合，以此来增强"园林植物学"课程的整体教学效果。

（1）对接课堂教学与课外实践，在野外进行现场教学。如：在木兰科、蔷薇科植物盛花期时，可在课外进行现场教学，便于学生深入认知木兰科植物的形态特征、观赏效果及园林应用。

（2）协调校内实践与校外实践。选择在大学校园、市区公园、植物园、街道及居住区等进行实践教学，认知园林植物的实际应用及景观效果，加深学生对园林植物的感性认识。

（3）融合课堂实践与网络实践。充分利用植物识别类 APP 等网络资源，调动学生主动认知和获取园林植物的能力，要求学生采集标本，拍摄图片，记录形态特征、观赏特性及园林应用等，每个学生都能做到识别 200 种以上常见园林植物，增强园林植物学实践教学效果。

5. 改革考核方法，提高学习成效

考试是教学的重要组成部分，从考试切入可以有效地提高教学实效，对学生学习方式和学习能力具有很强的导向作用。改变学生在闭卷考试前死记硬背、考后束之高阁，写论文或报告东拼西凑、应付了事等现状，采取多种形式进行考核，注重学生的学习过程评价，发展适合课程特点的多样化考核手段，进行综合评价。

考试只是手段而不是最终目的，培养学生提出问题、分析问题的能力和持之以恒的学习毅力才是教育的目标。植物类课程的识记性特点要求在培养学生时必须注重过程而非结果。因此在传统的教师考核基础上，辅以一定比例的学生自我考核，形成对学生的最终评价，即教师以试卷和论文、报告等形式考核学生基础理论和技能知识，学生通过自主命题、自我考核实现知识拓展训练。自我考核贯穿于整个学习过程，根据专业特点结合课程要求自主命题、自我测试，自行评价之后再相互测试、相互评价。学生通过命题过程，改变死记硬背的现象，摆脱记忆性、认知性、继承性的学习方式，分析性、综合性地掌握知识，提高应用与创新能力。教师负责提高学生自我考核的实效，应该建立相应的监管和评价机制，充分调动学生主动、深入学习的积极性和能动性。

二、"园林植物学"课程的理论与实践教学改革

"人与自然和谐相处"是当今社会的发展目标之一，生态宜居也是诸多城市发展的目标之一，而观赏植物在生态城市建设、森林保护、资源开发利用中发挥重要作用。"园林植物学"是园林专业的必修课程之一，通过对本课程的学习，力图使学生了解观赏植物在园林中的重要作用，掌握其植物学的基本知识和主要特性，了解常见园林树木和花卉，并且能正确应用于旅游景区中，为今后迅速适应岗位需要，成为合格的园林规划设计专业人才打好基础。

（一）"园林植物学"课程的特点

1. 课程性质

园林植物是活的有机体，它们会随着季节、日照、环境等的变化而变化。这决定了"园林植物学"课程的理论知识和实践技能的教学安排只有与这种动态变化相结合，才能使园林植物教学面向行业、服务于社区和地方经济，并且才能满足应用型技能人才培养目标的要求。由此可见，"园林植物学"课程具备动态性、实践性和技能性等特点，其教学设计都必须以提高认知技能为目的进行。

2. 教学特点

以往的教学以"黑板＋板书"为主，教学手段单一，学生只能靠死记硬背来理解相关的理论，缺乏直观认知能力。"园林植物学"课程的教学需要借助多种手段进行讲解，辅助学生课堂理解。该课程以认知为主，但实践教学环节也不能被忽视。

（二）"园林植物学"课程的教学探索

1. 教学内容调整

园林植物类课程内容繁多、杂乱，学生往往不知重点所在，并且与其他教学内容稍有重叠。因此教师必须整合教学内容，找出各学科间理论与实践教学的侧重点，合理取舍，避免各学科内容重复，使教学更具科学性和合理性。应在第一节课理顺学生

思路,打破教材原有的排列顺序。根据植物季节性规律,结合学生兴趣和市场发展需求,合理安排教学内容和教学顺序,使理论和实际密切地结合起来,达到"理论指导实践,实践验证、强化理论"的目标。

2. 教学方法改革

教学方法在教学工作中具有重要意义,没有合理的教学方法,就不能较好地完成教学任务。在教学中应灵活采用如下方法:

(1)"理论—图片"教学方法。

在讲授园林植物理论知识时,为使学生更好地理解和掌握教学难点,采用植物图片作为直观教具,开展形象性教学。诸如讲解植物的季相变化时,搜集同一树种四季不同的景观效果,分别以图片形式展现给学生,增强其理论理解。

(2)融入文化理念。

在植物欣赏品评中,涉及花卉历史传说、花卉诗词文献,在教学中将植物的文化内涵挖掘出来,并且与旅游文化相结合。诗词名句的引入可以活跃课堂气氛,提高学生学习兴趣,有利于培养学生人文素质,增强学生人文体验,拓宽学生视野。

(3)以学生为主体。

在理论教学过程中,采用园林植物实物、植物标本、植物照片和视频材料等多种直观、形象的教学工具,充分调动学生的主动思维,加强其植物识别能力。通过引导学生解决教学知识难点,提高学生的分析、归纳、总结问题的能力。在认知实习中,由学生观察、总结、比较、区分具体植物,采集制作相关标本,并且对上交的实习作业进行点评以此来加深学生对园林植物的熟知程度。

3. 教学手段多样化

(1)多媒体教学。

多媒体教学手段的运用,使学生耳目一新。它使园林植物知识的传授趣味化、生动化、直观化,促进了学生的理解与掌握;同时也使教学信息承载量成倍增加,各种资讯、图片、链接等可以很方便地介绍给学生。多媒体教学也促使教师更加积极备课,相对减轻了教师的讲课负担,有利于师生间互动交流。

(2)实践教学。

实践教学是园林植物学教学的关键环节。实践教学应注重以下三点:一是内容要丰富,除了课本知识外,其他知识也应该一并传授给学生,努力为其解惑;二是线路选择要合理,要事先考察踩点,确定大致内容,做到有的放矢;三是加强课外教学纪律管理,让学生勤动脑、动嘴、动笔、动手。

4. 考核方式灵活化

用综合评定取代一次性考试,用多样的考核形式取代单一的闭卷笔试,以此形成了科学、合理的综合评估办法。如果采用平时考勤记载、课堂提问讨论、课前复习抽查、课后习题作业解答、期末开卷考试等进行成绩的评定。期末开卷考试的题目应灵活，主要考查学生的综合理解应用能力。

（三）进一步改进的措施

1.课堂教学

因园林植物类专业正在建设发展之中，受资金、实验设施、实验场地的限制，目前缺乏园林植物的挂图和植物活体标本，所以限制了学生对植物的近距离接触和感性认知。

2.实践教学

通过教学的初步探索，学生在知识掌握上取得了较大的效果，具备了一定的专业实践能力，教师也从中积累了宝贵的教学经验。鉴于"园林植物学"教学的信息量巨大，灵活性、可塑性较强，所以在教学环节与教学方法方面，仍然有许多需要完善、提高和探索的地方。随着教学条件的逐步改善，我们将不断地探索和研究更符合园林植物类教学特点的新思路、新方法，以更好适应社会经济发展对园林专业人才的需求。

三、园林植物应用类立体化教学平台建设

园林植物类课程涉及园林植物的分类、栽培、繁育、配置及绿化施工管理等，由"花卉学""园林树木学""植物栽培学""园林植物造景""绿化工程施工与管理"等相关课程构成。准确掌握园林植物的特性及习性，灵活地运用植物造景手法，是园林专业学生需要具备的职业技能。下面将以培养具有园林植物应用与造景技能的人才为目标，进行园林植物应用类课程的改革与联动，探讨园林植物应用类立体化教学平台的建设方法。

（一）立体化教学平台的含义

园林植物应用类课程在园林专业中有着鲜明的特色。在教学目标上，该课程强调对植物美学功能的掌握，强调植物在园林造景中的合理运用。在借鉴德国系统化课程开发理论的基础上，从课程组织、教学内容、教学方法、实训条件、管理制度等方面出发，打造园林植物应用类课程的立体化教学平台；以时间为横轴，对园林植物应用类课程分阶段组织教学；以项目为纵轴，通过设计情景安排教学内容；以实训制度为竖向增长轴，将园林植物应用类课程与行业实践结合。

（二）立体化教学平台设计

1.课程组织模式

园林植物类课程是以植物学基本知识为基础，结合园林造景理论的综合性课程。要想学好本课程，必须具备丰富的植物学知识，如：植物的分类、生理生态特性、形

态特征、物候变化等;同时还要结合园林造景的理论,如:色彩搭配、植物种类的形体、材质搭配、植物的文化象征意义等。只有把上述知识融合在一起,才能比较全面地掌握本课程。

为了使学生在校内接受系统的职业训练,毕业后能直接从事园林植物造景相关工作,笔者设计了"三段式"课程组织模式:第一阶段为单项训练技能;第二阶段为核心训练技能;第三阶段为现场施工技术和管理训练。阶段训练层层递进,以此来培养学生的职业技能。

"三段式"课程组织模式借鉴了德国系统化课程先确定岗位的工作过程,然后确定工作过程中涉及的技能,即行动领域,将行动领域整合形成若干学习领域,并通过具体的学习情境来进行实施。

工作过程是指在企业里为完成一项工作任务并获得工作成果而进行的一套完整的工作程序,是一个综合的、时刻处于运动状态但结构相对固定的系统。园林植物造景的工作过程是考察设计现场—绘制植物配置方案与施工图—编制施工方案—组织现场施工,工作成果是体现在建成或者模拟建成公园、城市广场等各种园林绿地中优美的植物景观。

行动领域是指在有意义的行动情境中相互关联的任务集合。在园林植物的工作过程中,行动领域主要有植物功能与环境、植物分类知识、植物形态认知、植物美学、植物栽培等方面。

学习领域是一个主题学习单元,由学习目标、学习内容和学习时间(基准学时)三部分构成。将园林植物应用类课程的行动领域整合后形成三个学习领域,即园林植物要素单项训练技能、核心技能训练、现场施工技术以及管理训练。

2. 学习情境设计

项目课程是以产品或服务为载体,让学生完成整个工作的课程模式。项目可理解为一件产品的设计与制作、一个故障的排除、一项服务的提供,强调应用技能获得产品。学习情境是组成项目课程的要素,是具体化的课程方案。开发园林植物应用类课程,应该突破传统的以理论讲授为主的教学方法,构建"以项目为载体,以工作过程为基础,以学习情境设计为支撑"的项目课程,将技能训练、理论知识、工作态度等融入工作过程中,学生在完成项目的过程中,从中获得解决问题的综合能力。

园林植物应用类课程学习情境设计,根据"三段式"课程组织模式:第一阶段选取花坛植物造景、校园一角等设计项;第二阶段选取广场、校园景观等综合型植物造景设计项目;第三阶段选取居住小区、街头绿地等设计项目。

园林项目的运行可概括为六个步骤,即获取项目、确定任务、制订计划、组织实施、检查修改、验收评价。园林植物应用此类课程学习情境设计以此为序,每个项目从时间安排上都形成统一的序列。第一步"获取项目",应该选取具有一定应用价值的项目，将教学和实践结合，确定一个清晰的任务说明。第二步"确定任务"，通过分析项目要求，确定具体的工作任务和工作内容。第三步"制订计划"，学生根据已确定的工作任务，制订详细的工作计划，包括：人员分工、设计方法、设计流程、材料计划和监督检查计划等。第四步"组织实施"，按照工作计划，开展项目工作。第五步"检查修改"，在工作过程中和工作完成后，按计划组织检查，根据问题的复杂程度制订修改方案。第六步"验收评价"，师生应该共同评价项目工作成果及工作方法。

在园林植物应用类项目式学习情境设计中，还应该结合其他教学方法和教学手段。多媒体教学可应用于项目运行的全过程，用来介绍项目情况、分析案例、展示成果。对于操作性强的园林植物施工技术，可采用"边讲边练"的现场教学方法，这样才能够激发学生的兴趣，发挥学生的创造性，将"教"与"学"融为一体。

3. 实训制度条件

项目课程开发需要配套的实训制度，学校在校企合作、师资培养、创业教育等方面可进行如下探索：

首先，通过实训项目，将行业和用人单位的需求融入课程，体现课程的实践性和开放性。一方面与社会服务相结合进行校企合作，直接承担企业的园林植物项目，将园林公司的经营活动作为学习情境设计的载体；另一方面与校园景观工程建设相结合，由教师和学生共同承担建设项目，既能锻炼技能，也可以节约工程费用和实习经费。

其次，组建"校内专职教师＋校外兼职教师"师资队伍。项目课程对教师能力提出了新的要求，教师要从职业教育的角度来研究课程的新形式和新内容。校内专职教师负责整个课程的教学组织和协调，企业技术人员担任校外兼职教师进行实训指导。原则上第一、第二阶段的教学由专职教师完成，第三阶段实践性、综合性强的内容由校内专职教师和校外兼职教师共同指导。

最后，从学生的角度出发，因材施教，建立人才选拔机制，分层次开展教学。通过课程训练使学生具备优良的专业素质，同时鼓励学生积极参加园林植物造景技能竞赛。

在课程的综合技能训练环节，有时会因为条件限制，没有合适的项目进行实地操作，也可以在模型实验室完成，模拟完成公园或者住宅区建设。

通过立体化教学平台的建设，园林专业学生在专业能力方面有了一定程度的提高，突出了园林实用性的教学特点，教师也从中积累了宝贵的教学经验。但由于园林植物具有突出的教学特点，教学的灵活性、可塑性较强，因此立体化教学平台仍有一些需要完善的地方。今后需要在现有基础上进行深入的探索与改革，以便于适应城市园林绿化和社会经济发展对园林专业人才的需求。

四、园林种植设计能力培养与课程教学改革

随着中国城市化进程的不断加快，园林专业获得了前所未有的发展机遇，招生规模不断扩大，与此同时社会对素质高、能力强的应用创新型园林专业人才的要求也越来越高。"种植设计"作为园林专业的主干课程，具有实践性和应用性强的特点。原有的课程重理论、轻实践，已经不能满足专业发展的要求，必须对课程的教学内容、教学方法、教学手段以及课程考核体系等进行一系列的改革，以适应专业的发展方向，满足社会对园林人才的需求。

（一）"种植设计"课程的特点

"种植设计"是园林专业的必修课程之一，该课程是在完成"园林植物学"的基础上，对景观植物造景艺术和植物设计的一次全面学习，课程教学效果直接影响后续"景观设计"课程的学习。"种植设计"属于规划设计类课程，学生的动手能力对学好该课程起到了关键作用，这就要求学生不仅要拥有丰富的植物设计理论知识，而且还要能够熟练绘制各种图纸，具有良好的图纸表达能力。由此可见，"种植设计"课程具有很强的实践性和实用性，教学改革必须围绕这两个特点进行。

（二）优化课堂教学内容

目前，国内不少大学开设了园林专业和方向，但是由于学校背景不同，"种植设计"课程名称及内容的偏重也各不相同。如：传统的农林院校多从景观植物的识别和绿化设计进行内容安排，而理工类和综合类院校则以体现植物景观的艺术性为主。教学内容的改革调整以强化学生的植物设计能力和植物规划类图纸的表现能力为基本出发点。

（三）改革教学方法与教学手段

1.多媒体教学，提高教学效率

充分利用多媒体技术，将实地拍摄和网络搜集的资料、图片制作成 PPT、影像视频，图文并茂地讲解景观植物的造景艺术和不同类型的绿地设计要点等内容。多媒体技术的运用在成倍增加信息承载量的同时，使"种植设计"课程的学习更加生动、形象、更易于接受与理解，也相对减轻了教师的讲课负担，有利于师生之间的互动交流。为了使学生更加充分地了解和学习景观植物的造景艺术，本课程创新性地借用学院中心实验室的三维模拟导游系统，在固定的场景下，从不同角度上来讲解古典园林中的植物造景艺术，使学生有身临其境的感觉。

2.加强案例和现场教学，理论联系实际

在教学中引入典型景观植物造景案例，讲解时运用启发式教学，尽量引导学生运用所学理论知识分析案例的优点和不足，培养学生的分析能力。教学案例的选择要有

典型性；同时也要注意不同方案的对比分析，以利于学生在今后的景观植物配置中扬长避短。

现场教学是理论联系实际的重要途径，如果没有大量的植物景观知识的储备，不可能做出高水平的景观植物设计。长久以来，桂林的景观植物设计在西南地区一直处于前列，很多公园和景区都以植物造景取胜，如：桂林两江四湖、七星公园等。选取其中优秀的案例，合理安排线路开展现场教学，让学生在识别景观植物的同时，更深入地掌握景观植物配置的方法和技巧。教师要带学生到不同类型的绿地施工现场（公园、居住区、道路等）去学习，使学生熟悉不同类型的绿地的植物选择及施工工艺，为后续的景观植物设计和绘制施工图做好准备。

3. 强化项目教学

项目教学采用真题真做的方式，极大提高了学生的景观植物设计和图纸表现能力。结合具体项目，以研究院为实践平台，形成"以师带徒"的教学模式，让学生了解规划设计类项目的工作程序，提高学生的应用能力。

（四）改革课程考核体系

"种植设计"课程教学的最终目的是让学生掌握园林植物设计的基本理论、方法，并且能够绘制植物景观设计类图纸。为了更全面客观地评价学生的学习水平，笔者在考核中采用综合评定的方式，取代传统的以期末考核为主的教学评价体系。课程考核中，景观植物的识别应用、植物景观规划设计的技能是考核的重点，同时参考学生平时的表现（出勤情况、学习态度、课堂回答问题及参与讨论等方面的表现），结合相关教学研究以及本院教学实际情况确定各项考核内容的权重，最终确定了"种植设计"课程考核标准：考勤分占总评成绩的 10%，平时课堂作业及表现占 10%，植物识别应用考试占 20%，期末课程考核占 60%（其中，植物景观课程设计占 40%，课程论文 20%。这种考核评价标准综合考查了学生在学习全过程中的表现，体现了"能力本位"的考核理念。

"种植设计"课程教学改革取得了如下成果：①教学效果明显提高，课程体系更加完善。在教学考核中，"种植设计"课程的学生满意度达到 90% 以上。课程考核通过率，由先前的 85% 提高到了 95%，优秀率由 15% 提高到 30%。②创新意识和实践能力大幅提高。学生能灵活地将所学理论知识运用到课程设计和具体的项目中，完成的设计作品更富创新性。从近年的本科毕业设计来看，图纸表达和方案把握能力有了显著的提高，得到各界的一致认可，并且给予了较高的评价。③授课教师的业务水平有了较大提高。自课程教学改革以来，在每年学生评教活动中，课题组任课教师总评分都超过 90 分；同时教研室教师积极申报教改项目，成功申报教改项目 2 项，发表教改论文 3 篇。教学改革是一个动态的过程，随着社会经济和园林专业的不断发展，教学内容与课程体系也会随之不断改革和完善。在今后的教学工作中需要根据教学中出现的新问题、新情况，大胆地改革与探索，不断总结与完善，全面提高教学质量。

第三节 风景旅游规划能力培养与教学改革

一、"风景区规划设计"课程教学改革

风景区是现阶段城市居民户外游憩休闲的热门区域，"风景区规划设计"是园林专业核心课程之一。通过对本课程的学习，使学生掌握风景区规划的生态、游憩与景观原则，明确风景区规划的实质和要点，掌握风景区资源的分类与评价方法及风景区规划的程序、基本方法和主要专项规划等规划体系，为将来从事园林工作打下坚实的基础，更好的服务于我国园林事业。

（一）课程设置要求

作为园林专业的重要分支课程，"风景区规划设计"的教学效果对后续专业的学习质量以及学生毕业后的实际操作能力有着极大影响。课程的设置要求学生在学习课程前做到以下几点：首先要有明确的学习态度，教师要充分认识到学习该课程的现实意义；其次要学生对一些基础的，特别是一些关于风景区园林植物的观赏特征、生态习性、地理分布等有详细的认识，这也是深化"风景区规划设计"的基础条件，因此学生要在充分了解园林植物学、园林树木学、花卉学等相关知识的基础上深化"风景区规划设计"课程的学习；最后，要注重学生动手能力的培养，"风景区规划设计"的特点决定了课程的操作性极强，所以必须切实加强学生动手能力的培养。

（二）课程教学中存在的问题及原因剖析

1. 课程教学中存在的主要问题

课程的学习不仅仅是知识的学习，更重要的是动手能力的训练，把学习的原理运用到实践中去，积极促进学生参与思考，在课程中要求学生最大限度地发挥主观能动性，并且利用各种方法调动学生的动手能力，理论与实践相结合，培养学生的创新意识。当前"风景区规划设计"课程教学在教学内容、教学方法、考核方式上存在很大的问题。

（1）教学内容。

"风景区规划设计"因课程较为特殊，专业性极强，迄今为止并没有较为完善的教材，教学内容很难和课本内容对应起来，使教材呈现难度不均的特点，这也导致学生上课根本不用看教材，有些学生索性不带教材，而且大部分学生上课只是忙于记笔记，而对于知识的消化明显缺乏。很多地方还是沿用老教材，内容明显已经跟不上时代的

步伐，比如关于一些重要景区的规划设计实例较多，但是因为一些重要景区的规划设计已经相对很完善，很多教材还是持全盘否定的态度，特别是大部分景区早就进行了详细的规划修改，而教材内容还是停留在 20 世纪 90 年代甚至更早，这严重与现实不符。由于教材不变更，但是教学的内容、教学的侧重点因为社会的发展需要已经发生了一些变化，如果还继续沿用老教材，显然是不得当的，这导致教师教学只能泛泛而谈，学生对知识的理解也不够深入，关于设计的方法大部分学生都会但是不精通。

（2）教学方法。

"风景区规划设计"的教学方法还基本停留在灌输教育的层面，也就是老师主观讲解知识，学生学习经常处于被动接受的状态，甚至有些老师已经习惯了"满堂灌"的教学方法。这种教学方法导致实验教学组织不够灵活，学生长期处于被动状态，基本上一直是教师讲述，学生模仿的方式，这严重限制了学生的思维，使得他们成为学习的机器，平时老师也仅仅是在学生进行设计的过程中进行一些盲目的指导讲解。课程设计的过程明显脱离于实践，从而导致学生创新意识薄弱，不能适应社会发展的需求，更无法适应当今风景区规划设计工作的要求。

（3）考核方式。

课程的考核并不能完全满足教学要求，主要表现在以下几个方面：其一，考核形势较为单一。"风景区规划设计"的课程考试大部分采用结课考试的方式，也就是在课程结束后组织一次考试，一般是让学生做一套设计方案，或者通过闭卷考试完成，在题型的设计上考虑时间的限制或者学生工作量的限制，一般是一些小场景的设计，设计方案也以效果图的方式展现，这很容易让学生形成一种死板的学习轨道，设计出的作品美观性还可以，但是实用性却明显不足，同时阻碍了学生主动性的发挥，限制了学生创新思维的培养。其二，过于注重考试的评价功能，而忽略了反馈完善功能，考核与就业的要求明显脱轨，这导致学生的应试态度严重，仅仅是为了考试而考试，并不是为了巩固知识而考试，平时缺乏适当的评价反馈策略。其三，考试的客观性太强，无法真正展示学生的真实水平，没有做到以考促学，无法真实、客观、有效地考核其对知识的理解程度和灵活运用的能力。

2. 主要原因

（1）教材不统一。

园林专业设置不久，处于快速发展时期，开设这门课程的学校的学科背景差别较大，教材相对不统一，授课内容和授课方式不同，教材也不相同，这导致不同学校有着自己独特的理论，有着自己的教材，不同学校的教学质量存在很大差别，学生接收的知识也千差万别。

（2）课程体系不完善。

大部分高校"风景区规划设计"课程开设时间不久，相关教学人才匮乏，大部分学校还是仅仅依靠以前的教学队伍，从中调去部分有一些相关背景的教师任教，这些教师容易掺杂一些自己原授课程的知识，对"风景区规划设计"的知识讲解有限；同时部分学校的学时安排也不合理，实践性强的课程仅仅只安排了课堂理论教学，这些都是因为学科系统还不够完善导致的。

（3）资金投入不足。

园林专业人才的需求量随着社会的发展与日俱增，很多学校开设了相关专业，但是由于不是主干学科，专业资金投入有限，教学硬件设施匮乏，学校图书馆相关书籍也极其有限，学生调研经费更是无从谈起。资金投入不足还导致了师资队伍得不到有效改善，教师缺乏必要的深造机会，院校交流机会也不多。

（三）课程教学改革的方向与措施

作为园林专业的重要课程分支，课程内容突出实用性特点，同时又要注意与其他课程的有效衔接。因此课程改革要围绕以下几个方面进行：其一，注重知识的掌握以够用为原则；其二，注重实践教学与理论教学相结合；其三，巧妙采用专题教学法；其四，注重专题间的连贯性。

1. 提高教师专业水平

教师是教学的执行者，其专业水平的高低直接影响教学的质量。教师应该充分了解"风景区规划设计"课程的相关知识，做到以人为本，对学生要有爱心和责任心；同时还要具备足够的实际操作能力，从而让学生在理论和实践上都能有所发展。

2. 实施多种教学方法

教师教学中要积极采用多种教学方法，充分发挥学生的积极性，不应该仅仅停留在"填鸭式"教学阶段。

（1）利用多媒体工具。

"风景区规划设计"属于综合实用性课程，如果单纯只依靠课本会显得过于单调，但要是利用多媒体，通过图文并茂的形式来讲解植物群落结构与外貌、植物与其他园林要素的配置，就能达到生动、形象、易于接受与理解的目的，从而培养学生积极、主动思考的意识。

（2）案例教学加现场教学。

教师应该在教学中设计必要的案例，通过案例教学深化知识；同时在学校允许的情况下，适当组织一些现场教学，带学生走进风景区，通过实地观察，使其对风景区植物景观规划设计的原则、方法有更深入的认识，培养学生独立设计的能力。

（3）讲座教学。

除了一些常规的教学方法外，如果学校条件许可，教师可以请风景区规划设计领域知名的专家学者、设计师、苗木生产企业老总、政府相关管理部门领导等来校做专题讲座，介绍专业领域最新的发展动态及相关知识，让学生在求学的道路上得到行业内最前沿的信息和发展趋势，对学生定位自己的发展方向和日后就业有一定的帮助。

3. 加强实践教学环节

为保证学生在校学习期间具备独立设计的能力，应该设置足够学时的课程设计，并以实际项目为依托，到实际的项目地点进行实地调查，并加以分析，得出设计思路，使学生真正进入角色，教师应认真指导，切实将理论与实践相结合，并用理论来指导实践，提高学生的设计能力。

4. 创新评价机制

评价机制对学生的影响不言而喻，教学效果的评价要以考查学生学习"风景区规划设计"的效果为切入点，通过课程论文、实测图纸、设计方案等多种方式进行考核，不可以仅仅只通过一次结课考试而草草了事。同时，"风景区规划设计"课程考核标准也应该适当变更，考评占 80%（其中课程论文、调研报告、实测图纸、设计方案各占 20%），剩下的 20% 为考勤分数与课堂表现，从而更加全面地进行学生课程考评。

在深刻把握"风景区规划设计"课程特点的基础上，明确课程的主要培养方向，掌握与本课程相关的多学科知识，强调素质教育，是"风景区规划设计"课程改革的重点。通过对当今课程教学现状的认知，结合亲身教学实践，笔者提出了从提高教师专业水平、实施多种教学方法、加强实践教学、创新评价机制等方面进行教学改革，以期为"风景区规划设计"课程改革起到一定的推动作用。

二、基于认知结构理论的"旅游规划"课程教学改革

（一）从认知结构理论看思维的双向运动过程

1. 认知结论理论

马赫在《感觉的分析》中说，物是感觉（要素）的组合，更多的是从哲学层次来讨论知识的可知性和相对性。感觉即被感知的对象总是通过感知者的行动为某一主体所了解。马赫认为，科学的出发点不是寻求原因，而是要探求要素之间的相关性，所以对于感觉的研究，他更关注的是相关性问题，即各种感觉之间的联系。根据马赫的思想，知识是可感知的、相对的，是一种基于经验式的心理认知过程，这个过程存在心理和物理过程的合一。正是基于哲学对各学科的指导作用，格式塔心理学应用并拓展了马赫的观点，重视思维的整体性，主张心理经验和神经系统过程之间有一种相联关系。格式塔心理学的理论逐步发展，并且为现代认知心理学的产生奠定了基础。

美国现代著名认知心理学家奥苏贝尔（Ausubel）和布鲁纳（Bruner）吸取格式塔心理学理论的合理成分，并且结合自身对认知心理的长期研究实践，得出了两种截然不同的新理论，即奥苏贝尔的个体认知行为是"从一般到个别的接受学习"和布鲁纳

的"从个别到一般的发现学习"。所谓认知结构就是学习者头脑中的知识结构，广义上来说，它是学习者的观念的全部内容和组织；狭义上来说，它是踏实学习者在某一特殊知识领域内的观念的内容和组织。奥苏贝尔认知结构迁移理论是根据他的意义学习理论（即同化论）发展而来的。他认为，无论是在接受学习或解决问题时，凡有已经形成的认知结构影响新的认知功能的地方就存在迁移。个人认知结构在内容和组织方面的特征被称为认知三变量，即可利用性（指在学习者已有的认知结构中具有同化新知识的适当观念原理）、可巩固性（指同化新知识的原有知识的巩固程度）、可辨别性（指新知识与同化它的相关知识的可分辨度）。奥苏贝尔的研究表明，概括水平越高、包容范围越广的知识越有助于同化新知识，即越有助于促进迁移。此外，原有知识巩固程度越高，可分辨度越高，也就越有助于迁移。

布鲁纳则主张发现学习，其认知结构理论描述了认知和学习的过程及条件，提出了认知发展的三种表征系统，即动作表征、肖像表征和符号表征。实质上这三种表征系统是三种信息加工系统，人们可以通过行为和动作，也可以凭借头脑中的事物映象或代表事物的各种符号来认识世界。布鲁纳认为，学习的实质是一个人把同类事物联系起来，并且把它们组成具有一定意义的结构。他提倡个体在认知过程中要自己独立阅读思考，发现学习对象的结构、规律和结论。布鲁纳还认为，发现学习是学生获得知识的一种最佳的学习方法。对学生而言，要发展学生探索新情境的态度，要求学生像科学家一样去思考、探索，从而达到对知识的理解和掌握。在他看来，教学活动如何进行，取决于学生的认知发展水平和已有的知识结构。要根据教学对象已有的认识结构来确定教学所采取的表征系统。学习的核心内容应是各门学科的知识结构，如：基本的概念与原理、基本的态度与方法等，因为这些基本的知识结构可以使学生易学、易记、易迁移。

比较奥苏贝尔和布鲁纳的两种不同的认知结构理论，表面上在认知的途径上差异很大，一个主张"从一般到个别的接受学习"，属于演绎式的认知方式；另一个则主张"从个别到一般的发现学习"，属于归纳式的思维方式。犹如思维的两个极端，是两个相反的过程，但两者在认知迁移方面不谋而合，无论是接受学习还是发现学习，学习主体的知识结构将在很大程度上影响迁移的效果，两种不同方向的思维运动统一于知识结构的平台。那么，我们能否可以推论不同知识结构主体采用同一认识路径，认知效果不同（称为推论一）。如果再按马赫的要素相关性理论和作用力、反作用力原理，是否还可以推论不同认知对象主体采用同一认知路径，认知效果不同（称为推论二）。更为重要的是，我们必须要知道，对于认知主体，一般采取哪种认知方式才能更容易接受新的知识。

2. 对认知主体认知方式的调查

针对上述提到的问题，这里对 120 名具有研究生以上学历、年龄在 25~35 岁的样本进行了抽样调查，收回有效样本 111 份。询问的问题是："认知有两种途径，即 A. 从一般到个体；B. 从个体到一般。依据个人的学习经历，您认为在您的认知过程中，哪一种认知方式更有利于掌握新知识？"调查结果显示，83.8% 的人选择 B，而另外的 16.2% 选择 A。由此可以说明，即便在高学历、具有较好的知识结构的人群中，绝大多数的认知主体更喜欢采用从个体到一般的认知方式，即发现式学习途径是人们在日常认知中的主要途径。这样可以推论，出于思维的经济性原则，对于更普遍的大众也同样更加愿意先认识具体的东西，根据具体的事物来发现和归纳更高层次的知识，有从"个别到一般"的认知偏好。

在封闭式问题调查的基础上，调查者与其中 20 个样本共同回顾其成长过程中认识路径和认知效果的变化，以确认上述的推论一和推论二。结果达成如下共识：在高中及以前，采用 B 认知途径更容易认知；上大学后可以在 A、B 两种方式中根据不同的认知对象来选择认知方式，但 B 仍旧具有比较大的优势；上大学后对于具体事务的感性认识一般用方式 B，在此基础上的理性认识大多用方式 A。这一结果，从侧面证实了奥苏贝尔和布鲁纳主张的认识过程中认知结构对认知行为的影响。

3. 认知主体思维的双向运动过程

通过调研，再深入解析知识结构的形成，思维相异的两个过程统一于知识结构这个平台，从"个别到一般"和"从一般到个别"是个体学习过程中都必须经历的。以知识结构为桥梁，个体从未知到已知的过程，最先是经历从"个别到一般"的认知过程，积累一定的知识结构之后，知识的迁移更加容易，达到能够"从一般到个别"的认知能力时，思维的双向运动出现。因此可以得出这样结论：①接受学习和发现学习两种方式在个体认知过程中同时存在，对于一个具备一定知识结构的认知主体，思维运动过程是一个双向运动过程；②对于不同知识结构，更准确地说，是不同心理结构的认知主体，两者使用的频率不同，效果也就不同，认知主体的知识结构越健全越有助于同化新知识，越有助于促进迁移获得新的认知；③认知主体有更倾向于"个别到一般"思维运动的偏好；④两种不同的认知方式，对于不同类型知识的学习各具优势，只有将两者结合起来才更有利于主体认知效果的提高。

综合上述理论与实际调查结果，这里认为：①在大学教育中，教学对象已经具备一定的知识结构，认知主体思维的双向运动能力是客观存在的，需要两种教学方式结合使用，才能使教学效果更好；②两种认知方式没有优劣之分，只有不同认知对象和认知主体协调使用才能更有效地区别；③认知主体的认知偏好（更倾向于从"个别到一般"的认知方式）客观存在，在教学过程中尤其注重发现式教学的应用；④认知主体的认知效率很大程度上取决于其知识迁移的效率，而知识迁移的效率与知识结构密切相关，必须培养学生合理的知识结构，以提高其认知能力；⑤尊重学生不同阶段认知能力的客观性，关注知识和教学过程的相关性研究，对不同的课程和教学对象寻找两种教学方式的最佳组合。这也就明确了高等学校教学中的两个重要任务：一是搭建学生合理的知识结构，增进认知迁移效率；二是对不同的教学对象和课程寻找两种教学方式的最佳接合点，使学生思维和谐发展，合理利用认知主体的认知偏好。

（二）从认知结构理论看"旅游规划"课程特征

"旅游规划"课程属于专业必修课，从专业设立的角度属于一门应用型课程，是对所学基础及专业基础课的运用课程。课程的学习与"旅游经济学"、"旅游资源学"、"旅游美学"、"旅游心理学"、"旅游文化学"、"旅游管理学"、"旅游策划学"、"区域规划"等课程紧密相关，并且直接运用到其中的知识。教学对象以本科三年级学生为主。该课程的学习，既是对已学基础课程的运用和综合，又是对全新理论的接触。总的来说"旅游规划"课程具有以下特点：

1. 应用性

此课程应用性强，是对前期所学知识的运用和综合。

2. 综合性

旅游规划过程涉及对社会、经济、文化和环境各个领域的资源配置

活动策划及建设方案安排，需要用到的学科知识很广。尽管在规划的过程中会配置各学科的规划人员，但是作为旅游规划的学者，其拥有的知识结构必须是全面的，否则不能从宏观上准确把握规划涉及的问题，不能更快地接受新理念。由此看来，对一名旅游规划工作者的知识结构的要求是相对较高的。

3. 技术性与艺术性并举

旅游规划应该说既是技术也是艺术。技术性，是指规划过程是根据规划的技术规范来完成的，涉及多门学科的技术；艺术性，则是规划的项目策划和战略规划部分讲求前瞻性和创新性。

4. 经验与创新相容

旅游规划是技术与艺术的结合，也是经验与创新的结合。技术性要求规划者具有实际操作经验，而规划项目本身要想获得综合收益，能唤起游客的消费需求，则要求不脱离时代性，项目设计具有一定创新性。

"旅游规划"课程教学对象为高年级本科学生，根据本科教学大纲，这些学生应基本具备较高层次的知识结构，思维具备在接受式教学和发现式教学中转换的能力。针对"旅游规划"课程的特征和授课对象的基本情况，结合上述认知结构理论，这里认为：传统的接受式教学方法一律采用单纯的教师讲、学生听的教学方式对该专业学生的专业意识、专业素养和专业能力的培养极为不利，适合采用"从个别到一般"的认知方式，应该适当地采用发现式教学法，尤其是案例教学法。否则在课程既具应用性，又具综合性等各种特征的情况下，如果采用以接受式教学为主的教学方法，学生会感觉课程

难度很大导致难于掌握。因此，综合考虑认知规律、认知主体情况、认知对象特点，"旅游规划"课程采用接受教学为基础、案例教学并举的教学方式是比较理想的教学途径。

（三）接受教学与案例教学在课程中的改革应用

接受教学前文中已多次叙述，此处不再赘述。案例教学法最早起源于古希腊苏格拉底的"问答式"教学，作为现代意义的教学方法，成形于20世纪一二十年代的哈佛大学，并且在法学、管理学等学科教学中获得成功。教学案例形式多样，主要有两类：一是哈佛式；二是德鲁克式。哈佛式案例注重为学生提供大量的原始资料作为分析的基础，使案例分析成为一项异常艰苦的工作；而德鲁克案例强调企业经营管理中的人性因素，要求人们超越事物的细枝末节和数据表象，去发现解决问题的一般性原则。针对旅游管理本科专业学生的特点，这里认为在"旅游规划"课程的案例教学适合采用德鲁克式。教师在案例分析的过程中，不必给予学生太多提示，应当激励和引导学生进行自主分析，鼓励学生大胆创新，发散思维，使案例教学呈现开放性，体现学生是案例教学的主体。在讨论中引导学生总结原理，在讲解和分析案例时，应该注意用分析方法来讲解。案例教学法以案例为课堂教学的起点，选择恰当的案例是成功实施案例教学法的先决条件。

1. 选择好的教材

选择好的教材，事实上也是选择了一个较合理的课程认知体系。所选教材基本结构要能适应两种教法。笔者所选的教材内容主要分为理论篇、技术篇和实践篇三个部分，教学内容体系较合理，条理清晰。

2. 接受教学与案例教学相结合，促进思维的双向运动

在课程教学中，将接受教学与案例教学融为一体，先为学生搭建本课程所需要的知识结构，为认知迁移做好准备。在讲授理论时，以接受式教学为主，讲授过程中多举例子。根据个体的认知偏好，让学生更容易通过"个别"来理解"一般"。同时也要处理好上位知识和下位知识的关系，让学生明白所学知识在学科群中的位置，为将来学习的认知迁移运动打好基础。在讲授相关技术和实践内容时，以案例教学为主，促使学生通过联想、记忆等主动思维的方式去运用已学的知识，鼓励创新思想和归纳总结，让学生的思维运动在"个别"与"一般"之间往复，促进思维的双向运动，增强学生的思维能力，提高认知迁移效率，更好地掌握所学知识。

3. 选择好的案例材料，以利于认知迁移

案例的内容要为案例教学的服务，突出应用性、操作性，并能为课程内容服务。一个好的案例要求能对问题提出解决方法和对相关决定做出评价，可以让学生学到一定的技能，培养学生分析问题、解决问题、综合及运用理论知识的能力。所以在进行案例选择时，案例应该是较成熟和具有代表性的，并且篇幅不宜太长，所涉及的数据

不太复杂，最好是学生熟悉的，或者能接触到的规划对象，这样才有利于学生在认知过程中将已学的知识和新的知识结合起来，以旧知识为桥梁，通过认知的迁移活动，尽快掌握新的知识。选择好的案例材料是案例教学成功的第一个必要条件。

4. 组织好课堂的讨论和分析

案例教学主要以讨论和分析两个过程为主。课堂案例分析的过程可先进行"案例热身"，包括对所分配材料的讨论和案例介绍；然后组织案例讨论，包括开始案例讨论、找出问题所在、做出决定和执行决定；结论包括与案例相关和课程相关的结论。组织好课堂的讨论和分析是进行成功的案例教学的第二个必要条件。

5. 其他

为了促进学生积极地参与案例教学过程，要用考核制度来调控学生的行为。诺斯（North）认为，制度是一系列被制定出来的规则、守法程序和行为的道德伦理规范。因此，从外部激励系统来看，设计合理的考核体系对于提高案例教学的效果是必要的。另外，由于园林专业在我国开设较晚，各门课程的教材并不十分完善，案例库基本处于空白状态，而"旅游规划"是一门应用性极强的课程，案例的编写显得尤为重要，所以说案例库建设是十分必要的。

三、基于实践能力培养的"旅游规划"教学体系优化

"旅游规划"课程是高等学校旅游管理专业的主干课程之一，该课程自开设以来，培养了一大批旅游规划专门人才，对区域旅游规划开发起到积极的促进作用。该课程也是一门应用性很强的课程，不仅仅需要学生掌握较深的理论知识，更强调学生的动手和实践能力，需要学生具备较强的实践技能和解决问题的实际能力。因而，需要积极改进和完善其实践教学体系，调整教学内容、改进教学方法，以培养适应社会需求的应用型专门人才。

（一）"旅游规划"课程的基本特征

1. 内容综合性强

"旅游规划"课程既有旅游管理专业学科的特点，又与其他学科息息相关。旅游规划涉及的学科领域和知识面十分广泛，规划编制人员应有比较广泛的专业构成，如：旅游、经济、资源、环境、城市规划、建筑等。因此，需要学生具备地质学、生物学、气象学、园林学、民族学、城市规划学、艺术学、社会学、心理学和计算机相关基础理论，并且加以综合运用来解决旅游开发与规划过程中的实际问题。该课程要求学生不但要有扎实的理论基础，更要涉猎广泛的多学科知识，实现科学技术、文化艺术、美学艺术等多方面的完美结合。

2. 实践依赖程度高

"旅游规划"是一门实践性非常强的基础课程。其教学目标是通过该课程的学习，让学生掌握旅游规划相关的理论与方法，掌握旅游规划的基本程序，熟悉旅游市场调研与旅游资源调查的基本步骤与内容，理解规划文本和说明书的写作规范，并且能熟练运用 CAD、Photoshop 等相应软件进行规划图件制作。因此，要求园林专业学生在掌握课程相关专业知识的同时，还必须拥有丰富的实践动手能力。但在大多数情况下，高校该课程面向的是没有任何规划实践经验的学生，所以实践教学在"旅游规划"课程教学中极为重要。它是完成理论联系实际的必要途径之一，也是巩固学生理论学习和强化学生技能培训的手段，必须在实际教学工作中做好实践教学环节的设计与实施。

3. 技术要求含量高

"旅游规划"是公认的技术含量较高的专业课程之一，旅游资源评价、客源市场分析与预测、旅游形象设计、空间布局与功能分区、规划图件制作等都需要较强的知识和能力储备做支撑。在实际工作中，根据规划范围和性质的不同，旅游规划的具体内容也有很大的差异，如：区域旅游发展规划、旅游区总体规划、控制性详细规划、修建性详细规划的技术规范和侧重点各不相同，需要学生具有综合分析和全盘理解能力。上述知识的巩固和能力的培养无法通过单一的实践形式来实现，必须对实践教学环节进行优化和系统化设计，通过综合性的实践形式来培养应用型规划人才。只有不断深化"旅游规划"课程实践教学环节的设计与创新，构建出与理论教学有机结合的实践教学体系，才能够培养出具有创新精神和实践能力、符合时代要求的高素质旅游规划人才。

（二）"旅游规划"课程普遍存在的问题

1. 课程内容体系与实践联系不紧密

高等院校"旅游规划"课程教材版本很多，其内容体系也不一样。有的教材强调规划理论的积累和前人文献观点的整理，有的教材强调旅游资源的评价开发及旅游产品策划，有的教材内容结构体系与旅游地理和旅游资源学等有许多重复的内容。但实际的旅游规划编制工作，多以《旅游规划通则》为标准和技术规范。总体而言，旅游规划教材大多缺乏实践教学的相关内容，与《旅游规划通则》联系不紧密，不利于学生实践能力的培养，也不容易激发其学习兴趣。

2. 实践教学环节重视程度不够

目前各高校在"旅游规划"课程教学中多采用传统的"理论+课堂讲授"为主的粗线条教学模式，重视知识传授，忽视智能培养，老师在讲台上讲，学生在讲台下听，极少走出课堂。教师过多地注重理论知识的课堂讲解和传授，忽视学生实践能力的培养，学生的旅游规划知识能力平台难以构建。对"旅游规划"这门实践性极强的课程而言，这种传统的教学模式与方法难以实现预期的教学目标和教学效果。另外在教学中，由于受教学计划、教材内容等方面的影响，各高校对该门课程的实践重视程度轻重不一，实践教学安排不尽相同，普遍存在重课堂、轻实践的现象。

3. 实践教学管理体系不完善

近年来，随着旅游教育界对实践教学的逐步探索和改革，各方对"旅游规划"实践教学可以提升学生实践能力、达到用人单位人才需求标准的重要意义已经达成共识。但该课程及相关本科课程的实践教学质量评价及管理体系仍然不完善。很多高校没有制订独立和完善的"旅游规划"实践课程教学计划，只是简单规定实践教学学时、学分。另外，由于"旅游规划"课程受到外出实习的门票、食宿、交通费用问题的制约，导致实践教学环节的场地、资金、设备投入不足，"旅游规划"课程实践环节往往存在实习基地数量较少、实习次数尽量少、尽量选择校内实习等状况，实践内容与理论教学对应性不强。在考核、评价课程实践教学效果等方面，也没有形成更加有效的考核方式，往往通过作业、实习报告、实习指导教师的评分等传统方式来评定学生的实践成绩，从而准确度不高。

（三）基于实践能力培养的实践教学体系优化

1. 强化课堂实践教学内容

一是采取案例教学。"旅游规划"课程具有实践性强、综合性强等特点，案例教学在教学中具有极其重要的作用。案例教学是书本知识和实践知识相联系的纽带，可以有效地活跃课堂气氛、调动学生上课的积极性、提高学生的参与性。可以通过相关著名旅游地（景区）规划案例和区域内熟悉的规划案例的解析，组织旅游规划专题课堂讨论，培养和增强学生的实践能力和创新意识。二是合理使用多媒体等现代教学技术手段。根据"旅游规划"教学内容和教学目标的需要采用多媒体教学，利用声音、图像直接对教学内容进行表达，达到教学过程的优化。例如：对旅游资源分布图、客源市场分析图、功能布局图、基础设施规划图等相关图件的展示，以及旅游规划实践项目的多媒体汇报演示，让学生在实践感知中增强学习兴趣。三是增加实践教学课时。保证至少四分之一的课时分配实践教学，以利于学生有充足的时间学习旅游规划图件的制作流程。

2. 开展户外实践和基地教学

一是组织学生实地调研。"旅游规划"课程是一门实践性很强的课程，有些内容单靠多媒体教学不能很好地解决问题。为此，有必要针对教学中的若干内容（如：旅游资源调研与评价）有选择地带领学生走出课堂，到附近旅游景区（点）进行实地调研。通过实地参观印证教学中的内容，促进学生更好地巩固所学知识。二是开展户外或基地教学。将教学中的有关内容搬到户外或实践基地开展实地教学，是加强"旅游规划"

实践课程教学环节的客观要求。联系具有典型性的 4A 级旅游景区建立实践教学基地，这类景区通常最能代表当地旅游开发利用水准，为学生准确定位旅游资源开发程度和旅游产品发展趋势提供直观的参照物。通过实践教学一方面锻炼学生的实践认知能力，另一方面也能为景区解决旅游开发过程中的实际问题。

3. 结合科研项目进行实践

教学结合科研项目开展实践教学活动是培养旅游管理专业学生必不可少的教学环节。让学生参与旅游规划科研项目，既可以让学生真正体验旅游规划的全部流程，加快对理论知识的融会贯通，加强学生对实践能力的培养，也是教学相长的必然过程，能为教师教学提供更加丰富和真实的教学案例，进一步提高教师的科研水平与教学水平，还是利用智力服务社会经济的良好模式选择。它不但使学生能够更加全面、深入地了解旅游规划，加深对规划系列课程知识的掌握，而且能够多方面培养学生自身的能力，使学生能够面向社会、面向未来，成为合格的旅游规划设计专业人才。

4. 模拟规划情境进行实践教学

基于旅游规划师职业岗位任职能力要求，以完成旅游规划任务全过程为中心，让学生在实际"情境"中边做边学，实现"教学做"一体化。在教学方式上实现从以教师为中心向以学生为中心的转化；在教学方法上实现从传统教学法向行动导向教学法（如：任务驱动法、头脑风暴法、角色扮演法、案例分析法等）的转变。通过虚拟公司，开展"全真模拟旅游规划招标"教学，按照旅游规划市场招标的场景和要求进行旅游规划投标工作和文本制作，在接到教师发放的招标文件后，让学生分组（5~6 人一组），然后以公司的形式出现，参与整个旅游规划招标过程，独立完成投标方案。最后由专业教师、旅游规划专家、研究生组成"专家委员会"评选中标方案，并且进行一定的物质奖励，颁发获奖证书。教师在整个教学过程中，担任"企业总工程师"的角色，实现教师主体向学生主体的转变。

5. 加强实践教学管理体系建设

建立旅游规划立体化实践教学管理体系，实现实践教学经常化、差异化、多样化、规模化，提升实践教学效果。一是构建"旅游规划"实践课程教学效果评价体系，从实践教学的目标、投入、过程和成果四个方面进行质量控制。二是加强实践课程教学效果检查与评估，增加实践课程教学效果检查和评估时间的灵活性，在实践课程教学效果检查和评估的内容和形式上要突出灵活性，根据旅游规划行业对人才实际需要的能力和素质要求共同制定考核标准。三是在实践课程教学效果检查和评估过程中要坚持以专业人才培养目标为核心来进行，并且由学校、基地、行业专家共同完成，使考核的结果更加合理化。

四、生态旅游项目库建设与案例主导型教学探讨

（一）现状与背景分析

在 19 世纪 40 年代世界旅游业开创初期，由于其行业规模、游客数量远远不如今天这样庞大，旅游经济活动与生态环境之间的矛盾并不突出。第二次世界大战结束后，随着发达国家和许多发展中国家经济的迅速增长和消费水平的不断提高，世界旅游业发展很快，甚至成为某些国家和地区的支柱产业。与此同时，旅游业对生态的破坏、环境的污染也日趋严重。从我国目前状况来看，许多旅游区或风景名胜区的环境问题日益突出，令人担忧。为了解决旅游业给环境带来的问题和加强旅游环境问题的研究，生态旅游显得十分重要。

作为一个新兴领域，生态旅游和旅游生态学尽管在研究中已取得了不少阶段性的成果，但在理论上仍然处于不成熟阶段，实践中也存在着许多问题，有待于进一步探索、完善和提高。从生态旅游的本质上来说，它与传统旅游活动的区别主要表现在旅游管理和开发中对旅游资源的保护性开发和对游客的生态环境保护教育。

作为桂林理工大学园林专业的核心选修课程，"生态旅游"课程介绍生态旅游活动及开发的历史、概念、原则、市场营销和规划管理等方面的知识，以及中外主要的生态旅游热点地区的资源特点和开展生态旅游活动的概况，运用地理学和生态学的思想与方法，从区域经济发展的一个侧面——旅游业，宣传生态环境建设与可持续发展的关系，以此努力增强全体公民的环境保护意识，并且为城乡经济建设和旅游事业管理服务。以往生态旅游专业的教学，重理论轻实践，导致学生对所学知识并不能很好地融会贯通。

（二）案例型教学的主要特点和效果

案例型教学在于突出教学内容的更新，注重培养学生的实践能力，完成教学方式和方法的变革，全方位地对生态旅游教学进行改革，以提高教学质量和学生的综合素质为目的。

1. 案例型教学的主要特点

（1）鲜明的目的性

案例型教学通过独特且具有代表性的典型事件的情景再现与角色体验，建立起一套适合自己的完整而又严密的逻辑思维方法和工作体系。

（2）启发性

案例型教学通过众多看似互不相关的案例所描述的情景去观察、分析、体验，从而形成自己的概念。

（3）客观性

案例型教学可在不受任何外界因素的干扰下对真实素材进行客观分析与评价，其结果客观。

（4）实践性

相比其他教学方式，案例型教学真正实现了从理论向实际的转化，做到了理论与实际相结合。

（5）综合性

案例型教学突破原有的知识范围，拓宽知识领域，从角色的扮演中学会综合运用更多的知识和更加灵活的技巧来处理各种各样的案例问题。

2.案例型教学的效果

（1）教师素质和教学质量得到提高

采用案例型教学法可调动教师教学改革的积极性，更好地发挥教师在教学中的主导作用，从而使教学活动始终处于活跃进取的状态，以此来不断提高教师的教学质量和教学水平。

（2）学生学习的自觉性增强，学生分析问题和解决问题的能力提高

采用案例型教学法对学生的要求更加严格，学生将运用所学的基础理论知识和分析方法，对教学案例进行思考、分析和研究，并且对知识的广度与深度有新的开拓，通过阅读、调查和分析，进行一系列积极的创造性思维活动。这些将充分体现学生在学习中的主体地位。

（3）教师和学生之间的互动关系增加

在案例教学中，教师与学生的关系是"师生互补，教学相辅"。学生积极参与，在阅读、分析案例和课堂讨论等环节中发挥主体作用，而教师在整个案例教学中则始终起着"导演"的作用，既要选择好的"剧本"，即符合教学需要的案例，又要在课堂讨论中审时度势、因势利导，让每一个学生得到充分的发挥。

（三）服务于案例型教学的生态旅游项目库建设

1.生态旅游项目库建设的内容和解决的问题

（1）生态旅游项目库建设的内容

生态旅游项目库建设和案例主导型教学以目前的旅游学理论为基础，归纳和整理环境科学领域的新进展、新理论、新突破及典型研究案例，将其中已经较为成熟和被大家广为认可的研究成果与生态旅游进行融合，对生态旅游的研究和教学内容进行更新，对生态旅游理论进行完善，并且尝试进行理论的创新性研究。具体建设内容包括以下几个方面：①针对一定范围的生态旅游资源进行现状调查和综合评估；②研究生态旅游经济活动中开发商、当地居民和游客等多方利益主体的利益协调；③归纳和总

结生态旅游产品的开发思路和模式或范例；④开展生态旅游区规划、管理和预测的研究。在生态旅游教改研究中，突出实践教学的内容，在研究中把区域经济学和景观生态学的一些基本的研究方法作为实验课程，以此来提高学生的实践能力。

（2）生态旅游项目库拟解决的问题

首先尝试解决"生态旅游"课程教学中重理论轻实践的教学弊端，进一步提高旅游学科专业学生的实践能力和专业综合素质。另外对教学方式和方法进行改革，提高教学质量，主要是通过生态旅游多媒体课件的研究和建设来完成的

最核心的是生态旅游规划案例整合。依据旅游系统规划思想，对由客源市场子系统、旅游目的地（吸引物）子系统、出游子系统和支持子系统四个子系统所组成的有机整体进行整合。①从规划空间范围收集和整理国际级、国家级、区域级、省市级、地方级、风景区（点）、社区级等不同空间尺度的生态旅游规划案例库。②对生态旅游规划案例按规划对象归类，建立旅游业规划、旅游城市规划、风景名胜区规划、乡村生态旅游规划等生态旅游规划案例子库。③进一步对生态旅游规划案例按规划包含内容归类，建立旅游市场规划、旅游资源开发规划、旅游环境保护规划、旅游路线规划、旅游商品规划、旅游土地利用规划、旅游保障规划（旅游环境保护规划、旅游配套设施规划、旅游项目融资规划、旅游人才培训规划、旅游安全风险规划）等旅游专项规划案例库。

2."生态旅游"教学过程中的案例选择

案例是为了增强教学效果而设置的线索、背景，案例选择是否恰当是案例主导型教学成败的关键因素，即不仅要选择恰当、典型的案例，还要使其具有一定的通俗性、简洁性和综合性。要通过案例选取将深奥的理论通俗化、抽象的概念具体化，便于学生从案例中准确地理解教材的基本观点和基本原理，案例要力求简洁，要将主要时间用在讲授理论和学员思考、讨论上，不能把整堂课变成故事会，避免冲淡授课的重点。选择案例时还应该考虑综合性，即案例不能仅仅局限于某个知识点，要有多个知识点的渗透，这样可以提高学生的综合判断与分析能力，形成较开阔的思维，同时也有利于培养学生全面、细致思考的意识。

（四）结语

将生态旅游项目库建设应用于案例主导型教学模式是优化教学质量、缓解学校教学理论性和社会工作实践性之间矛盾的主要途径。通过项目库建设，生态旅游规划中涉及的基本元素和素材不断丰富和系统化，极大地方便了园林专业相关课程的课堂教学和野外实习，服务于具体旅游项目的实操规划，把"生态旅游"改造成实践性与理论性并重的课程。

第四节 园林专业教学手段与方法创新

园林专业课程涉及学科门类多，实践应用性强，传统的教学手段与方法已经不能完全适应现代园林教学与学生学习的需求。本节将主要探讨在园林专业课程教学过程中如何整合信息技术、合理利用数字化体验系统、设计专题"微课"、制作多媒体课件、采用项目教学法等手段与方法，进一步丰富教学方式，更好的提升教学效果。

一、信息技术与园林专业课程教学整合的途径

随着信息技术的不断发展及其在教育中的应用推广，信息技术正以教师、学习伙伴、学习工具、学习资源和学习环境等角色全方位地介入教育的各个层面，引起教育教学过程的基本要素的重组或置换，最终使教育从目的、内容、形式、方法到组织等方面发生根本性的变革。因此，人们开始重视信息技术与课程的整合，将信息技术看作各类学习的有机组成部分。

（一）信息技术与课程教学整合的含义

现代课程观认为，课程不仅仅指教科书，还指由其他教学材料、教师和学生、教学情景、教学环境等整合成的一种生态系统，包括文本课程与体验课程两大方面。由此可见，课程不只是知识的载体，而且还是教师和学生共同探求知识的过程。

从现代课程观的理念出发，信息技术与课程教学的整合意味着两者整合的立足点是课程教学，而信息技术服务于课程教学，使课程中的教学材料、教学环境发生变化，并且逐渐改变着课程教学中教师与学生的关系，同时支撑师生共同探求知识的过程，即信息技术不但要被整合到教师的教学过程中，而且要被整合到学生获得经验和应用知识的过程中。

鉴于此，信息技术与课程教学整合的真正含义是指在学科课程教学中统一信息技术作为教学工具与学习工具的两大功能，共同服务于学科课程教学的设计、处理和实施，以便于更好地完成课程教学目标。在信息技术与课程教学的整合中，信息素养的培养与学科课程的学习将融为一体。此外，信息技术与课程教学整合还意味着教师和学生都要以正确的方式对待信息技术，使之成为自己的伙伴，成为像实物投影仪、粉笔、铅笔一样的常用工具。

随着信息技术的发展，人们越来越认识到信息技术为学科课程教学带来的绝不只是手段的变化，更重要的是教学理念、教学模式、学习理念与学习方式的变化。如何

将信息技术与学科课程教学进行有机整合以实现教学效果的最大化，笔者拟基于多年教学经验对此进行实践性探讨。

（二）信息技术与学科课程教学整合的基本途径

1. 与教育理念和教学目标有机整合

教育改革倡导教育应以人为本，尊重学生个性，培养学生主动学习与积极探究精神的教育理念。学科课程培养目标是让学生通过自主参与、积极探究来解决学科问题，从而加深对知识的理解，体验学习过程和方法，掌握学习策略。因此，学科课程教学不仅需要给学习者传递现有的知识、技能，更要以学习者为主体，提供一定的任务、资源、工具和支持，创建一定的自主学习环境，培养学习者自主建构知识、创造知识以及灵活应用知识的能力。在学科课程教学中有机运用信息技术，将有助于更好地体现现代教育理念和促进教学目标的实现。

2. 与教学方式有机整合

教学方式是课程的基本要素之一，教学改革的重要任务之一就是要求改变传统的学生被动接受、反复操练的学习方式，倡导自主式、合作式和探究式的学习方式。所以信息技术与课程教学的整合必须包括教学方式的整合，教师要基于信息技术的潜力来设计新型的学习方式，同时还要把对信息技术的学习和应用考虑在教学之中。

3. 与教学内容有机整合

各学科课程教学涉及的内容极其广泛，从宏观到微观、从整体到局部、从现象到本质、从远古到将来，时间跨度和空间跨度很大，学生无法用肉眼看到其微观世界，也无法在短期内观察到或亲历其复杂的变化过程，只有通过信息技术作为信息载体，才能形象直观地呈现教学内容，以此来有效地帮助学生理解及建构相关知识体系。因此，教师应当设法找出信息技术在哪些方面的内容有利于教学，指导学生运用信息技术完成其他方法做不到的事，或者让学生运用信息技术掌握用其他方法难以学到的一些重要技能，通过此手段充分调动学生的主观能动性，最大限度地发挥信息技术的教学功能和学习功能，从而取得最佳的教学效果。

4. 与传统教学活动和传统教学媒体有机整合

自然科学学科大多实验性较强，所有结论几乎都要通过实验观察、探究而得来，所以基于信息技术的自然科学课程的学习活动必须与传统教学活动相结合。应该注意的是，信息技术的使用要根据教学目标、教学内容和教学意图而定。每一种媒体都有自己的优越性，没有一种媒体能够解决一切的教学难题，计算机也不例外，因此信息技术还需要与其他教学传媒，如：黑板、实物模型、实物投影仪、纸笔、表格等相结合。

一般而言，观察某一物体（如：植物、动物、人体以及几何体甚至地球等）的外部形态时，最好采用实物观察的方法，对于观察对象，如果没有实物便选择标本，没有标本便选择模型，没有模型便选择挂图，以便于达到良好的教学效果。对于某些自然现象如：生物的生活习性、地理地质地貌、天文气象、生态环境、环境污染等，最好到现场考察或看实地录像片。物体的内部构造最好进行实物解剖或看录像片，容易观察到的物理与化学反应等现象最好进行实验探究。一些微观变化和长时间变化过程以及不易观察或有危险的物理反应或化学反应等，用实物、标本以及录像片都无法表现出来的，最好采用计算机多媒体技术进行模拟。只有根据课程内容的需要，选择最佳的媒体组合教学才能更好地实现教学目标。

（三）信息技术与学科课程教学整合的理想模式

任何教学活动均由课前预习、课间学习、课后练习三个环节构成。采取什么样的教学模式才能实现教学效果的最大化，是教育教学改革的核心问题之一。所谓教学模式，是指在一定的教学思想、教学理论指导下所建构起来的教学活动的基本框架。依笔者的教学实践体会，将信息技术与学科课程教学整合的理想模式主要有以下三种：

1. "在线备课—在场教学—在线练习"模式

在线备课是指教师课前将教案在网上对学生公开，学生根据教师教案预习教学内容的方法。学生可通过预习将疑问和建议在网上反馈给教师，教师根据学生的反馈信息对教案进行调整和修改，并且针对一些普遍存在的疑问调整教学策略，从而实现教师备课与学生预习同步，减少学生预习的盲目性。在场教学是指师生进行现场教学活动，通过在线备课的师生沟通，使现场教学更具有针对性，教学效果也更佳。这种基于网络环境的课堂教学，将信息技术与课堂教学有机整合，可以恰当地以问题为中心，或以任务驱动为中心，实现师生互动，充分调动学生的学习积极性，也提高了教师备课的准确性。在线练习是指课后作业在网络上进行。针对授课内容和课堂中出现的问题布置在线作业，教师在线进行批改，提供生生交互、师生互动的作业方式。这种作业方式既有效的增进生生、师生之间的交流，更能充分体现学生学习的自主性与信息反馈的时效性。

2. "在线备课—在场教学—在场练习"模式

在场练习是指在课堂上进行作业练习。这种模式更强调学生参与备课，要求学生通过网络搜集相关的资料和信息，并且对搜集到的资料和信息进行处理，然后在课堂上与他人交流和讨论。这种模式为学生提供了学习成果的展示平台和互相讨论、交流的机会，较好地实现了"在线备课"与"在场教学"的有机整合，从而能更好地提高教学效果。

3. "在场备课—在场教学—在线练习"模式

在场备课是指备课过程由教师个人完成。这种模式与传统的课堂教学相接近，但在练习环节，因为某些内容的特殊要求，受到外界条件的限制，如：场地、器具或经费等限制无法在场完成作业练习而采用在线练习的方式。这种模式可应用于技能性、操作性内容的教学，如：通过虚拟实验室，可以重复操作自然科学实验，以达到深化教学内容、熟练掌握实验操作程序的目的等。

（四）信息技术与课程教学整合的教学实例

"园林植物学"课程是园林专业的专业基础课程。由于植物生理变化过程极其复杂而漫长，人的肉眼根本不可能观察到它的发生与发展，传统教学媒体（挂图、模型、实物等）也无法对其变化和过程予以直观的展现，从而导致学生死记现成结论，无法主动建构自己的知识体系，教学效果往往不理想。鉴于此，笔者在进行植物光合作用、吸收作用、蒸腾作用、生长发育及繁殖等知识教学时，有机融入信息技术，取得了良好的效果。

1. 采取"线—场—线"模式实现与教育理念和教学目标整合的教学实例

在"蒸腾作用"章节的教学中，首先通过在线备课提出问题："为什么人们常说大树底下好乘凉？大树底下真的好乘凉？大树底下仅仅只是好乘凉？"等一系列问题创设问题情境，激发学生的求知欲望和探究激情，让学生通过网络搜集相关资料与信息。在课堂教学中，为学生提供"植物蒸腾过程与现象动态实验模拟"的多元互动计算机课件，让其进行自主探究，多元互动课件是指给出一系列条件如：水、温度、阳光、湿度等，由学生自主根据自己的假设给予不同的实验条件，然后观察计算机模拟的实验结果和现象，从中验证假设、寻找答案、解析问题。随后组织学生进行分析和讨论：植物主要通过哪个部位进行蒸腾作用？蒸腾的主要途径是什么？影响植物蒸腾作用的主要因素有哪些？蒸腾作用对植物有何意义？对周围的生态环境又有何重要意义？使学生在相互讨论和辨析过程中自主建构相关的知识体系。最后在完成本章节教学任务后，再以"植物用途知多少？""校园绿化方案设计"等为题布置课外在线思考与练习，以此来促使学生利用网络技术获取植物100多种功能的相关信息资料，以及运用植物对环境的生态功能及计算机绘图知识进行环境绿色规划平面构想和设计，并且在网上公开与他人交流学习，从而大大拓宽学生的知识层面，建构完整的知识体系和培养学生的动手操作能力。

2. 采取"线—场—场"模式实现与教学方式整合的教学实例

在"植物吸收作用"章节的教学中，笔者通过在线备课的问题设疑："为什么根深才能叶茂？炎热夏天中午能否给萎蔫的植物浇水？给农作物施肥越多越好吗？移栽农作物为何要带土？"让学生通过计算机课件自主预习课程内容。课件自主学习内容设计有植物细胞的质壁分离与恢复、水分子扩散运动、半透膜两侧溶液中水分子的渗透、植物根系吸水能力对比等。

然后在课堂教学中，一改传统的"结论—实验—验证"的教学方式，而是采取"实验—探索—分析—结论—验证"的探究式教学方式。以学生活动为主、教师引导为辅，每个学生可根据自己对新知识的掌握情况自主决定学习进度，可按程序一步步学完，也可回过头来重新学习没有弄懂的某一问题或直接进入某一问题的学习等。让学生在自主学习、独立思索、合作讨论与分析中，进一步建构自己的知识经验与知识体系，形成自己对问题的观点、见解、判断和信念。通过人机对话和教师的个别辅导，充分发挥学生的学习主动性和参与度，大大减轻师生的负担，使每个学生都真正地成为学习的主人，实现信息技术与教学方式的有机整合。

由上可知，信息技术与课程教学有机整合，既能够利用信息技术平台较好地体现学生主动学习和积极探究的现代教育理念，同时还能够较好地通过教学方式的改变实现培养学生运用信息技术进行自主学习、自主探究、自主解决问题等能力的教学目标。

二、基于数字化体验系统的理论课程教学模式创新

（一）数字化体验系统（CECE）简介

旅游数字化体验系统（CECE）专业服务于互动体验式旅游教学，它通过三维立体呈现旅游景点景观，师生可以通过佩戴3D眼镜或操纵键盘、鼠标等设备，按照自己喜爱的线路身临其境地体验各景观场景，还可以多种方式进行交互漫游。同时系统也配备了相关的教学功能，使软件操作者不用到达景观实地就可以进行教学培训、教学研究、考核等工作。

数字化体验系统从教学实际需求出发为教师打造属于自己的教学实训系统，适用于多种教学模式，特别适用于理论性较强、实践课时较少的课程。教师可以在不同的教学模式下操作该软件，极大程度地满足了教师对教学效果的需求。同时数字化体验系统也减轻了教师繁重的备课和素材收集负担，提高了教学工作效率。

（二）"中外园林史"课程传统的教学模式及其不足

"中外园林史"作为园林专业的必修课，是学生往后学好专业知识的重要基础课程。此课程的主要教学方式是向学生介绍中外园林中具有代表性的优秀案例，使学生进一步理解与掌握所述案例的产生条件与历史背景，深刻理解中外园林和人类历史与文明演进之间的相互关系，从而使学生更好地理清中外园林发展的历史脉络，深入理解中外园林的造园技法，同时也引导学生思考在当今的环境下怎样设计出真正具有时代精神的新作品。

目前，"中外园林史"课程教学以教师讲授理论知识为主，采用多媒体教学，并且结合教学录像、实验演示、案例教学等多种教学手段，注重学生对专业基础知识的掌握。通过观看影片、开展讨论和实例讲解等方式来加强学习和巩固基本知识，激发学生的学习兴趣，积极向学生灌输正确的人生观和价值观，通过布置课后作业训练学生的动

手能力和表达能力。

现有教学模式的不足主要体现在以下几个方面。

1. 时空跨度大，教学素材缺乏

课程教学中所介绍的园林实例作品，很少有保留完整或良好的实例，或是经后世多番修葺不复当年的原有风貌，或是淹没在历史长河中不见踪迹。学生在学习过程中只能通过平面还原图去理解和想象此类园林作品，存在无法瞻仰中外古代优秀园林实例本身的遗憾，这也是部分学生对该课程的学习不感兴趣的原因之一。我国古典园林文化源远流长，尤其是唐宋时期，中国古典园林更是达到鼎盛。可惜现在却无法一睹当年名园的风采，只能通过粗浅的历史记载和学者考证，凭借一张想象的平面图去分析这些历史名园，学生必然觉得索然无味，使学习兴趣大减。

2. 理论教学过多，学生积极性不高

课程教学多为理论课，在教学过程当中，无论是中国古典园林还是西方园林的历史，都要从历史背景、文化思想等影响造园的因素开始讲起。园林理论与园林表现形式环环相扣，不可分割，但是这种教学模式非常单调。对于学生来说，一方面觉得与专业无关，提不起兴趣；另一方面单一的教学形式使教学效果大打折扣，被动的学习很难让学生消化吸收所学的知识。

（三）基于数字化体验系统的教学模式创新

1. 直观形象的实景式教学模式

为了使教学更加直观形象，利用 CECE 三维立体环幕教学方式，采用多台投影机组合而成的多通道大屏幕展示系统，其具有一定弧度的巨幅显示空间，再配合环绕立体声响系统，可使师生充分体验到一种身临其境的三维立体视听感受，获得一个具有高度沉浸感的虚拟仿真世界。例如：在介绍中国古典园林所含意蕴时，可以寻找经典影视素材进行解读，譬如播放《红楼梦》中"大观园试才题对额"一回，通过生动的画面和台词来表达清代园林所具有的意境，使得学生能够更加直观地理解其含义，或者多利用在身边就可以看到、可以感受到的园林形象来客观呈现文字描述的意境。

2. 活泼有趣的互动式教学模式

课堂需要互动，如果每次都是教师在讲台上介绍园林作品，学生就会觉得参与感不够，可适当做些改变，比如：转换角色，让学生成为课堂主角。在课程开始前提前布置任务，让学生自由组合收集、整理资料，课堂上可由 1 名小组长或全组成员上讲台进行汇报演说，台下学生也可以参与互动，与台上同学进行交流，时间控制在10~15 分钟。这种教学模式，一方面改善了老师的生硬传授方式，另一方面也充分调动了学生学习的积极性。系统还增加了摄像功能，可以把师生在台上的表现摄录下来，对提高个人表现能力有很大的帮助。

3. 富有体验的实操式教学模式

将 CECE2009 和多媒体沙盘相结合，师生通过手指点击触摸屏对软件系统进行操作，以图文并茂的动态形式表现了三维全景、音乐、文字等数字资源的整合。在这样一个交互式的整体中，学生会产生强烈的视觉冲击，并且留下深刻印象。CECE 不受场地和人数的限制，操作简便易行，具有丰富逼真的表现效果和表现形式。

例如：教师在介绍中国古典园林代表作时，可以以故宫为实例，从介绍故宫周边的自然地理、社会风俗切入，结合园林设计等基础课程的内容，鼓励学生对故宫设计提出自己的想法与创意，根据学生自己的见解，设计或者移动园林布置。这样一来，既加深了学生学习的成就感又提高了学生的学习兴趣。

4. 奇异科幻的探索式教学模式

在以往的教学模式中，知识的传授大部分通过书本与图片等二维空间形式，学生不能建立强烈的空间感。科幻探索式教学可让学生置身于一个真实的大巴车环境中，通过 CECE 的操作，把真实环境和虚拟环境结合在一起，既允许学生看到真实世界，同时也可以看到叠加在真实世界的虚拟对象，真正达到亦真亦幻的效果。随着旅游大巴车行驶在时空隧道中，各个时期不同风格的园林重现，在配以精妙的讲解，给学生提供一种前所未有的、震撼的、身临其境的感受，使学生能够更深刻地理解书本上的概念，这样可以将枯燥无味的书本知识变得可观可赏。

（四）数字化体验系统教学应用要点

1. 及时更新素材

数字化体验系统采用了最新的专业信息和技术，通过及时不断地更新教材信息，才能将最新的知识和案例通过虚拟媒体教学环境展现出来。如，很多教材上介绍佩雷公园时，采用的是 1967 年建成的图片资料，现在的佩雷公园已于 1999 年进行重建，只有及时更新素材，才能紧扣当前时代，突破教材滞后的束缚，将流行的景观设计作为专题给学生演示讲解。利用现代化的教学媒体可使传统的课堂呈现出新的教学效果，不仅仅扩大了学生的知识面，从而也激发了学生学习、实践以及运用专业知识的积极性。

2. 实现资源共享

任何教学系统都不可能将世界上所有的教学素材收集齐全，CECE 属于较新型的教学系统，单靠一门课、个别教师不可能收集浩瀚如海的专业资料并将其媒体化，而它所收集的资源也不仅仅适用于一门课程、一个专业。例如：旅游专业的学生在进行模拟导游培训时可以共享"中外园林史"课程著名园林的建模素材。还可以结合大众力量，发动本校其他专业或其他院校师生进行专业资料的上传、整理和归类，实现教学资源的更新与共享，使教学更有针对性、时效性，同时激发师生的学习兴趣和共享精神。

3. 注意使用程度

对于数字化体验系统教学模式，要注意使用程度的把握。现代媒体教学手段和教学环境的初衷是为了更好地传授知识，现代媒体教学模式也只是众多教学手段中的一种，不能让学生产生依赖性，也不能让教师完全依靠现代媒体教学而产生惰性，即不愿备课或一味地念课件，使课堂教学失去即兴发挥的灵活性。教师应该根据实际教学情况和学生的接受能力使用现代媒体设备，否则会对教学效果产生十分消极的影响。

三、"中外园林史"课程教学中"微课"融入策略

（一）"微课"概述

1."微课"的定义

探讨"微课"之前，我们有必要谈一下"微课"的起源，国内"微课"的发展很晚，最早的标志性的"微课"当属"凤凰微课"，它是由华南师范大学与凤凰卫视联合推出的一系列"微课"，主要采用视频录制的方式，适用于PC（个人计算机）与手机终端的观看并且对外开放。随着科技的发展，"凤凰微课"现在已经发展为一个庞大的教学资源库，其不仅涵盖了视频教学，还融入了一些互动教学、APP教学等方式，人们可以在任何场所、任何时间随意观看，满足了大众在快节奏生活中的学习需求，效果尤为显著。

按照《首届全国高校"微课"教学比赛方案》中的解释，将"微课"定义如下：以视频为主要载体记录教师围绕某个知识点或教学环节开展的简短、完整的教学活动。这个说法得到了广大学者的认可，也体现了"微课"的基本特征与要求。"微课"要求教师首先懂得运用多媒体技术，同时注意课程的简练与准确，也要考虑到受众的理解能力，要做到重点明确并且通俗易懂。

2."微课"的特点

"微课"是时代的产物，也是当今快餐式学习的必要补充，有着明显的时代烙印，同时也有着与其他传统课程截然不同的表现，根据笔者的教学认识与"微课"制作经历，特将"微课"特点总结为以下几点：

（1）短小精悍

"微课"强调的是"微"，这是相比于传统课程来讲的，传统课程以45分钟为课程单位，一节课会涉及多个教学重点及难点。"微课"则不同，为了更加适应快节奏的生活，"微课"一般控制在10分钟左右，而且课程的广度与深度一点也不亚于45分钟的常规教学，所以可用短小精悍来形容。

（2）情景再现

"微课"教学以视频教学为载体，并不是单纯地将45分钟课程的核心部分进行录制，

而往往选择更加灵活的地域，同时结合课程内容的情境性，比如：医学"微课"一般在医学实验室或者病房完成，而体育"微课"则一般在训练室或者操场完成，并且学生和教师都穿统一的服装，道具运用也比较多。这使得整个课堂的情境性较强，很容易将观看者带入情境，以此增强课程的情境感召力。

（3）互动性与广泛性

载体的不同是"微课"与课堂教学最大的区别。"微课"的载体是媒体终端，好的"微课"一般会得到广泛的宣传。另外"微课"流传于网络，留给学生一定的观点表达与提问空间，观看者与发布者可以进行必要的互动，增强"微课"的课程广度与深度，同时"微课"的教学评价是绝对公平的，教师可以根据回复与评论进行必要的教学改进，有利于提高教学水平。

（二）"中外园林史"实施"微课"教学的可行性

"中外园林史"是一门典型的历史课程，课程教学以历史讲解为主。我国园林事业起步较晚，相关的史学例证材料极少，传统的课程教学主要是对理论进行单纯的讲解，所以显得枯燥乏味。另外园林课程面对的受众群体大部分是艺术类学生，他们从小以学习美术为主，理论文化水平相对较低，自律性也较差，因此传统的园林史课程的旷课率较高。中外园林史一般选择的是大班教学的方法，教师管理能力有限，无法面面俱到，课堂教学效果往往不尽人意。

"微课"主要以视频为载体，教学内容突出，而且教学时间很短，主要是围绕某一个知识点或者教学环节而制作。这种媒体手段对缓解"中外园林史"课程的枯燥性有着良好的作用，同时符合艺术类学生个性化的学习需求。另外"微课"的融入可以作为常规课堂的有效补充，也可以为远程教育提供优秀资源，而且因为史学的东西一般不会有太大变化，"微课"制作一劳永逸，其适用性很强，大大降低了教师的工作压力。"微课"学习是一种学生自愿选择的学习行为，学生可以根据自己对课堂的把握及认知，自行选择学习内容，更加符合个性化需求，也更能帮助学生多角度的把握知识。

由此可见，"中外园林史"课程引入"微课"教学是很有必要的，而且这也是中外园林史教育远程化、多样化、时代化的重要标志，是教育改革的必然趋势。

（三）"中外园林史"实施"微课"教学的策略

"微课"作为一种较新鲜的事物，在课堂教学中的应用还不够普遍，而且也不够成熟。笔者通过对"中外园林史""微课"的研发与运营，发现了一些极易出现的问题，并且结合自己的教学实践探索出一些行之有效的解决策略。

1.充分发挥"微课"主题性强、吸引力大的特点

"微课"以视频的形式呈现知识，而且主题性强、针对性强，主要是对教学中的某些知识点、重点、难点进行讲解，一个"微课"教程一般只会涉及一个知识点，而且

一般会用讲解加举证的方式，从而在短小精悍的基础上保证其深入性。"微课"并不是单纯地将平时的课堂教学切片处理，而是应当进行必要的重新制作，在教学目标的引导下，把握"微课"的特点。"中外园林史"课程繁杂，并且涉及的小知识点很多，因此"微课"设计同样不能单纯切片，而是应当根据课程规划，将一些重难点部分进行必要的分解，然后通过实例等方式进行综合分析。另外有些教师对"微课"制作的技术并不熟悉，一般还是单纯依靠 PPT 制作，对声音和视频的运用很少，制作出的效果也是参差不齐，这样导致"微课"的呈现方式单一且不美观，会极大程度地影响学生学习的积极性。"中外园林史"课程本来就比较枯燥，如果搭配上枯燥的视频，则会事倍功半，这就要求专业教师多向动画专业的教师请教，学习运用一些相关软件，比如：Flash、会声会影等，在"微课"的制作中融入一些声像结合的材料，做到"微课"播放顺畅、一气呵成。

2. 构建系统化的微课教学内容体系

从"中外园林史"现有的"微课"来看，"微课"大部分还仅仅是一些重点和难点的分析，并且随意性较强，不够系统化，对于一些集中知识点讲述过多，而对于其他知识点讲述很少。另外"微课"的针对性也不强，很多学生关注的问题并没有体现出来，而且部分"微课"中甚至出现了错误并且迟迟没有得到更正。这些都严重影响了"微课"教学的系统性，学生很难系统地学习相关知识。笔者认为，作为一个系统化且变化不大的课程，"中外园林史"的"微课"应当系统化，学校可以收集并筛选已经形成"微课"的课件作品，在"微课"网站的建立中，通过树形结构的方式，根据时间将"微课"课件进行必要的排序，从而保证其系统性也方便学生在其中找寻自己需要的"微课"内容。

3. 加强"微课"教学技术培训

园林专业教师一般有一定的艺术背景，除了一些老教师不是很熟悉电脑软件外，其他教师一般都会几种基础图像软件，这给"中外园林史"的"微课"设计提供了一个很好的基础支撑，"微课"的推广也相比其他专业更加容易。但是想做出好的"微课"软件，大部分教师现有的软件知识是不够的，这样不仅会打击教师做"微课"材料的积极性，也会打击学生学习的积极性，不利于"微课"的长期发展及教学实践的运用。因此学校应当加大"微课"设计的培训力度，同时聘请专业的软件教师及创意指导教师，帮助教师提升自身的软件掌握能力。学校还应当定期开展优秀"微课"展示及讨论会，多激发教师的创新激情，设立"微课"奖项，对优秀"微课"作品进行及时的奖励与展播。

（四）"中外园林史"实施"微课"教学模式的条件

正如前文所述，"微课"发展是教学发展的必然趋势，也是史学课程一改其枯燥弊端的有利契机，同样是学生多样化学习的需求。但是"微课"的应用迄今还主要集中在一些传统课程上，专业类课程较少，笔者根据自己的课堂教学经验，同时结合"中外园林史"的课程特征，提出"微课"的实现条件及方案。

1. 实现基础条件

首先，需要科学的教学计划与大纲。"微课"教学也是一个系统性的教学过程，应将常规课堂中的重点、难点提取出来，严格依照教学计划及大纲的需求，制作一系列的"微课"课件，分门别类地进行连载发布，以保证课程的系统性与完整性。"微课"虽然短时间，但并不能短知识，因此"微课"同样离不开详细的教学计划与大纲的支持。其次，"微课"是存在于网络上的教学课程，其正常使用有赖于网络的稳定性与终端设备的完整性。学校网络需求量很大，不仅仅有大量的信息下载及上传，而且使用人数也非常多，校园网络应当以光纤入校，同时也必须做到独立宽带，独立使用。学校可以建立专门的"微课"网站，并且保证网站的带宽，以确保多人可以共同观看在线视频。

2. 实现基本方案

整个"中外园林史"的"微课"系统不仅由一个个的"微课"视频构成，还需要整个资源库的大力支撑，整个系统的形成是一个复杂的工程，需要大量的人力、物力。首先，我们需要以计算机网络为平台，建立适合课程的园林"微课"数据库、教学支撑系统、管理系统，在"微课"库中需要适当搭配一些实例，形成中外园林史的网络博物馆，学生可根据自身需求，适当调取一些相关图片资料。与此同时，安排专业的系统维护人员，负责课件的更新、系统的维护与信息的反馈工作，并且不断完善功能，最终形成教学管理系统、"微课"发布系统、辅导答疑系统、作业评阅系统、远程考试系统、教学评价系统等多功能整合的完整系统。

在后台还需要根据进入者的不同，设置不同的权限。比如：教师身份可以上传课件，修正自己的已上传课件，对学生问题线上答疑解惑，设置试题库，将教师微博、微信等和系统相连；在校学生则可以通过校园网无限制访问各种"微课"课程，可下载也可在线观看，支持 PC 及手机终端；远程教育学生则可以通过对应的账号进入系统，获得校内网访问的权限。为了进一步提升"微课"的使用率，学校还应当根据自身需求，将一些"微课"发布到一些外网上，或者允许其他人观看部分共享知识产权的"微课"，开设社会性公益"微课"。

"微课"作为一种新兴的互联网教学载体，不仅仅是课堂教学的有力补充，同时也是未来远程教育的重要手段。"微课"以短小精悍得名，其课程设置一般为一个知识点，并且一般采用情景教学的方式，不仅可以增强认知感，同时相比课堂教学更具趣味性与真实感，特别是在互联网技术的发展支撑下，未来的教育将逐步数字化，"微课"也恰恰是其突破点。笔者结合自己的教学实践，分析了"中外园林史"教学中"微课"的融入策略，同时对一些容易出现的问题进行一一论述，寻求解决策略，希望对未来的"微课"教学深化有一定的启示。

四、基于右脑教育理论的旅游类多媒体课件设计

多媒体课件是把与课程教学相关的文字、图像、声音、动画、影像等多种媒体素材根据课程教学的需要在时间和空间上进行集成与整合，使其融为一体并赋予它们以交互特性，从而制作出各种精彩纷呈的多媒体应用软件产品。作为一种现代辅助教学的工具，多媒体课件因其素材和表现形式丰富、交互性强、易操作等特点，成为教师提高教学质量的重要手段，深受教师和学生的欢迎。近年来，随着现代教育技术的不断发展和高校教学设施的不断完善，越来越多的高校教师重视运用多媒体教学技术，积极开发多媒体教学软件。如何创新多媒体课件的开发理念，提高多媒体课件的质量也成为大家关注的课题。

（一）右脑教育理论

1.右脑教育理论的兴起与发展

右脑教育理论源于美国科学家斯佩里、波根、葛萨纳嘉三人的"分脑手术"的研究成果。右脑教育的相关理论提出以后，在全球教育界引起了轰动，各国政府和学者纷纷予以重视并且展开应用研究。我国教育部门也十分关注右脑教育理论的发展，教育部开展"脑功能开发与思维训练研究""全脑教育研究与实验"等规划课题研究，对右脑教育的相关研究给予鼓励和资助，大大促进了我国右脑教育事业的发展。

2.右脑教育理论的核心理念

斯佩里的研究成果表明：人的左脑和右脑具有不同的分工，左脑主要负责处理文字和数据等抽象信息，具有理解、分析、判断等抽象思维功能，有理性和逻辑性的特点，所以被称为"理性脑"；右脑主要负责处理声音和图像等具体信息，具有想象、创意、灵感和超高速反应（超高速记忆和计算）等功能，有感性和直观的特点，所以又称为"感性脑"。

相对于左脑而言，右脑思维更敏捷、记忆力更强、更富有形象思维能力，而形象思维往往是顿悟和创新思维的源泉。随着现代科学技术的发展，人脑处理的信息量不断增大，人们的思维模式也随之发展，由线性的、静态的、逻辑的思维模式，向立体的、网络的、系统的、辩证的思维模式发展。右脑的形象、综合、整体的思维能力，正是科学综合、网络思维、创新意识需要的能力，所以人们提出"开发右脑"、"右脑革命"也是经济发展、科学进步的必然。

（二）旅游类课程教学特点

随着旅游产业的迅速繁荣和发展，社会对旅游类人才的需求急剧增加，旅游类相关课程的类型越来越丰富，知识体系也越来越完善。相对于其他专业而言，旅游类课程对多媒体课件的要求更高。

1.信息量大、知识更新快，常规教学手段和教学设施难以满足需求

旅游学科是从地理学发展过来的，由地理学、管理学、文化学等学科交叉和综合形成的一门新兴应用性学科。作为一门交叉学科，相对于传统学科而言，其课程涉及的知识面更广，包括：地理区划、景观管理与营销、旅游策划、旅游规划、形象礼仪、语言文化、民族民俗等方面的内容，教学信息涵盖各种图像、声音、服饰、器具等，采用传统的方法进行展示费时、费力，并且在经济上也不可行。同时由于旅游学科正处于高速发展期，各类知识、信息更新速度非常快，若采用购买教学道具的形式，很容易过期。因此，采用多媒体课件可很好地把各类信息整合起来，使课程教学图文并茂、条理清晰。

2.内容抽象、涉及面广，课程教学必须突出整体性、综合性

旅游学科涉及面广，很多概念单靠文字解释比较吃力。例如：很多同学理解旅游商品很容易，因为有实物，但理解旅游产品、旅游项目就很难。因此，必须通过大量的素材资料、图像视频加以说明、佐证，才能更好地建立感性和理性认识，使学生更好地掌握相关知识。多媒体技术在综合处理和控制文字、声音、图像等方面具有高超的能力，运用这一技术，就可以将相关旅游专业知识变抽象为具体，变动态为静态，化枯燥为生动，从而化难为易。由于旅游专业课程知识涉及面广，吃、住、行、游、购、娱等旅游六要素都要涉及，必须用先进的多媒体技术把这些知识整合起来，既突出重点和主线，又能因材施教，根据学生的兴趣和择业趋向加以侧重。

3.情境多变、综合度高，要求培养学生的创新意识和创新思维

旅游业是一门社交性行业，从事这一行业的人员每天都必须面对不同的客人，遇到不同的事情，需要解决意想不到的问题，特别是在旅游规划、旅游形象策划、旅游营销方案设计等方面，更需要创造性思维来创新理念、突出特色，这就要求旅游专业人员必须具备广博的知识、较强的自我学习能力和解决问题的应变能力和创新能力。多媒体课件能通过情景画面、虚拟空间来创设情境、巧设质疑，刺激学生的好奇心和求知欲，充分调动学生学习的积极主动性，引导他们拓展思维、发散思维，从而培养学生的创新意识，提高学生的创新能力。

4.实践性强、动手环节多，要求培养学生随机应变的能力

旅游学科是一门实践型、应用型学科，要求培养的学生能立足生产、建设、管理、服务第一线，因此课程设计要始终贯彻职业技能培养的主线。在课程教学中必须采用案例教学、模拟教学、仿真教学等教学手段，不断强化学生的感性认识。运用多媒体课件不仅可以在上课时创造各种虚拟情境，同时也可开设自测、评估模块，让学生在课后发现不足，加强学习和锻炼，不断提高自己解决问题和随机应变的能力。

（三）基于右脑开发的旅游类多媒体课件设计

1. 丰富多媒体课件要素的表达形式，激发学习兴趣

研究表明，人们接收的信息中，83% 来自视觉，11% 来自听觉，3.5% 来自嗅觉，1.5% 来自触觉，1% 来自味觉。右脑教育理论也认为，图像和声音能激发右脑的潜能，提升学生的兴趣，实现快乐教学，提高教学质量。

人天生就有爱美、审美的心理需求，因此在设计多媒体课件时，优美的版面、协调的色调、悠扬的音乐往往能激发学生的学习热情和求知欲，增加课堂兴奋点，延长兴奋期，也能促进学生深入思考，使学生能自始至终沉醉于课程学习。

具体而言，在版面和色彩搭配方面，版面的色彩和布局应该符合学生的年龄特征，各页面的版面布局应该基本保持一致，版面的色彩种类保持在 3~4 种，以年轻学生喜欢的明亮热烈的色调为主。与此同时，在设计版面和着色时，要注意与教学内容保持协调，要注意烘托气氛、突出主题。在音乐搭配方面，要根据教学内容和教学进程，科学合理地搭配不同节奏、不同声调的音乐或声音。在课件首页要采用悠扬、美妙的纯音乐，配合精彩的动画设计来吸引学生的注意力，抓住学生的好奇心。模块交互的音乐应该短小精悍、突出主题。中间有视频、动画、文本和有较长解说的段落应该安排轻松舒缓的轻音乐，防止学生产生枯燥感。

2. 科学创设各类教学情境，充分调动学习的积极性和创新思维

情境教学法是指在教学过程中，教师有目的地引入或创设具有一定情绪色彩的、以形象为主体的生动具体的场景，以引起学生一定的态度体验，从而帮助学生理解教材，并且使学生的心理机能得到发展的教学方法。早在春秋时期，孔子就意识到情境教学的重要性，并提出了"无言以教""陶冶情操"等教育理念。现代的研究表明，情境教学中的特定情境，提供了调动人的原有认知结构的某些线索，经过思维的内部整合作用，人就会顿悟或产生新的认知结构。情境所提供的线索能起到一种唤醒或启迪智慧的作用，也就是我们常说的灵感与创新。

多媒体教学软件的设计为情境教学法提供了很好的媒介和介入手段，可以运用其信息量大、表现形式多样的特点，充分利用图像、声音、视频以及现在的 3D 动漫技术、虚拟空间技术来再现、渲染情境，模拟情境使学生身临其境，激发学生的联想。

3. 注重案例教学方法的融合，培养学生综合应用知识的能力

旅游案例教学法，即运用国内外与旅游相关的典型或著名事例来说明问题，传达思想，激发学生的学习兴趣，给学生以启迪的教学模式。过去，人们过于重视灌输式教学、应试教育，过于注重培养学生的抽象思维和定向思维，而忽略了形象思维、综合能力、创造能力，使右脑功能弱化。这不仅影响了右脑功能，使人缺少社会需要的形象思维、综合能力、创造能力，也影响了整个大脑的发展和科学技术的进步。而案例教学侧重于展示案例，并且从不同的角度进行解读，并没有固定的答案，也没有限制学生的发散思维。学生在接触案例时，往往会因为观察问题的角度、基础知识背景的不同而得到解决问题的方法，受到不同的启发，从而提高发现问题、分析问题，以及综合运用所学知识解决问题的能力。因此在多媒体课件设计时，结合课程特色和知识结构，将大量案例融入多媒体课件中，并且设置相应的互动式案例分析模块，一方面可丰富教师的教学素材，另一方面可丰富学生的自学内容。

4. 增设游戏式的互动练习测试模块，提高学生实际操作的能力

右脑教育方面的研究发现，学生经过自己操作和体验而获得的知识往往记忆更为深刻、理解更为透彻。旅游专业的课程不仅仅要求学生理解知识，更需要学生做到活学活用，在实践中能根据现实情况灵活应用知识，也就是要具有较强的实际操作能力。因此，对于一些实践性较强的知识点，比如：旅游中突发安全事故导游应对策略、西餐上菜顺序及摆盘规则等，可以设计一些小游戏，让学生课后操作、学习，寓教于乐，以便于更好地掌握知识。

多媒体课件设计的一个重要原则是要体现课件的交互性，也就是说既满足教师教学的需要，学生也可通过课件测评结果发现自身的不足，并且通过自学丰富知识、拓展知识面。所以可根据知识结构设计一些自测模块、评估模块，让学生发现自己的不足，同时课件还可增加一些趣味性的、与课程相关的知识模式，拓展学生的知识面。

五、项目教学法在"旅游规划"课程中的实施

（一）"旅游规划"课程教学现状与存在的问题

"旅游规划"是地方高校本科旅游管理、园林等专业的核心课程，是一门综合利用旅游学科各课程知识的应用性非常强的专业技能课程。一直以来，该课程涉及的内容多，课时多，课程教学沿用传统的学科教育教学模式，以教材为纲，以"填鸭式"的课堂教授方式为主。近年来，随着现代信息技术的应用，该课程教学引入了多媒体教学手段，增加了一些图片和案例，使得教学过程更加生动形象。但作为一项技能性要求较高的课程，"旅游规划"课程的教学效果仍然不是很好，主要表现在：学生课程成绩普遍较高，但毕业后走入工作岗位需要操作一些具体项目时却不知如何下手，或者企业还需要花大量精力对学生进行再培训，由此导致一些在校大学生认为专业课程的学习无用，进一步形成课堂传授知识困难、学生知识和技能掌握不佳的恶性循环。"旅游规划"课程作为一门实践性、应用性都非常强的综合课程，学生需要走入社会，通过在实践中训练，这样学习的知识才不会被淡忘，经过训练后能力才会有所提高。

（二）项目教学法的教学流程与特点

在"旅游规划"课程建设中，应该加以改进教学方式，采用项目教学法，使学生

在掌握理论知识的基础上，加强知识内化和实践应用，锻炼和培养自身的综合能力。

项目教学法是以实际工作任务为中心选择、组织课程内容，师生通过共同实施一个完整的项目而进行的教学方法。这种教学方法围绕某一项目（课题），从理论知识的准备、相关信息的收集、项目的实施与最终评价，都由学生在教师的指导下以小组合作的形式完成。项目贯穿于整个课程的教学始终，学生以完成项目为目的，所学课程知识为项目提供服务。学生通过项目的进行，实现对相关理论知识的理解和把握，同时掌握一定的实践技能。

项目教学活动的一般步骤包括计划、实施、检查与评估。计划是学生通过项目工作任务了解任务信息，理解学习工作任务的要求、组成部分，对整个工作过程进行设计，确定具体工作步骤并形成工作计划，拟定检查、评价工作成果的标准。实施是学生开展工作活动的过程，学生参与项目，在做的过程中学，是学生掌握课程知识和实践应用，培养相关能力的关键。检查与评估是对项目教学过程的检查与效果评价。在具体课程的项目教学中，各步骤根据课程和项目的实际情况进行安排，学生在各步骤中始终起着主体作用。

项目教学法是以工作任务为中心，强调实践和解决问题的教学方法，有利于学生在实践中融理论知识于实际，促使理论学习和能力培养融为一体，以行动经验整合并反思其社会效果，学生通过参与实施项口，能够更好地实现提高自身综合能力和素质，提升交流能力、动手能力、创新能力、社会适应能力等的培养目标。"旅游规划"课程实施项目教学法，学生围绕一定旅游规划项目，在具体项目中通过制订计划、实施计划、撰写报告、总结交流一系列活动，充分实现在做中学，学生能更主动地学习理论并掌握相关知识。同时这种在做中学的过程，使得知识具有外溢效应，学生在不同于教室这一固定环境中，与同学、教师以及企业界的专家进行学习、交流，可以相互启发和影响，学习的效果更好。此外，学生在实施项目以及项目反馈评价中还锻炼了各项综合能力，如：组织能力、团结协作能力、交际能力、语言表达能力等，提高了解决和处理问题的能力。课程内容如资源调查与评价、旅游市场调查与潜力分析、旅游规划图的设计与编制，都需要拥有丰富的感性认识和实践调查经验。因此，采用项目教学法是改革传统"旅游规划"课程教学的途径。

（三）项目教学法实施应注意的问题

1. 项目教学中不应忽视理论基础知识的掌握

采用项目教学法可以培养学生综合应用多门学科知识解决问题的能力，培养学生小组协作和团队精神，在应用中学习，将理论学习和实际应用紧密地结合起来，提高学生对所学知识的内化程度，从而也可提高教师的教学质量。但高校本科专业项目教学法实施的同时，不能忽略基础知识的掌握，因为实施项目教学法之后，课程中的知识点并没有消失，只是分配到不同的项目中去了。理论知识和实践知识之间是焦点和背景的关系，项目教学应将学生的知识和技能分成若干模块，各个部分强化突破，这是本科项目教学区别于一般职业院校的根本所在。学生只有具备深厚的理论功底，才可能在具体的任务和项目中有进一步发展的潜力。

2. 注重项目教学法的过程

项目模块围绕和培养学生的就业能力和自我发展的综合素质，以项目方式教学，重视教学过程。整个过程要以学生为主体，采取小组学习和参与执行项目的方式，充分创造条件让学生在完成项目的过程中积极主动地去探索，在项目教学中，从信息的收集、计划的制订、方案的选择、目标的实施、信息的反馈到成果评价，要求学生了解项目的实际过程，并且通过项目教学过程熟悉和提高专业知识理论与实践技能。值得注意的是，项目教学过程中，由于学生能力有限、经验缺乏、意志薄弱，遇到困难时学习兴趣便会减退，因而教师在过程中应该发挥主导作用，不断调动学生学习的积极性，同时掌握项目的难度，使学生保持学习兴趣与发挥主体作用。

3. 加强项目教学法的支持平台

项目教学法是一种新型的教学方法，从教学理念到教学过程来看，都对传统教学模式带来了很大冲击。项目教学法以学生为主体，对学生和教师都带来较大的压力，传统教学模式中学生习惯于"教师讲，学生听"，现在要以学生自己为主体，进行课程学习和项目执行，不仅需要花费更多的时间与精力，对个人能力也是一次挑战；对教师来说，传统的教学环境使得教师是"教书匠"，引导学生实施项目教学对教师能力的挑战较大。当前，高校引进教师比较看重学历，因此加强"双师型"教师的培养，注重教师理论功底与实践经历结合，强化教师走向企业，加强能力训练、积累经验，是保证项目教学法顺利实施的关键。同时，在针对学生实施项目教学法中的畏难情绪甚至懒惰心理，教师都应严格要求、积极指导，并改革过程评估体系，激励学生积极参与。当然，项目教学过程的执行势必需要大量课时和经费作为保证，也需要相关教学主体部门给予积极支持，从而保证项目教学的顺利进行。

第四章 园林专业教学实践创新

第一节 园林专业实践教学体系建设

　　园林学是一门融技术和艺术于一体的综合性学科，要求从业人员具备较强的专业知识与动手能力。实践教学是提高学生实践能力、专业技能的重要手段，校内专业实验室、实践教学基地和校外实习实践基地建设，是实践教学体系建设的主要内容。为了实现厚基础、强能力、善创新的高素质应用型人才培养目标，应该逐步提升实践教学体系环境，不断优化实践教学体系。

一、景观生态规划类课程实践教学探讨

（一）相关课程改革背景

　　"生态学基础"是园林专业的一门专业基础课，该课程的设置对培养学生的生态理念、有意识地实现景观生态管理和生态设计具有重要的意义。"生态学基础"不但涉及生物和环境之间在种群、群落、生态系统及景观等不同尺度下的相互作用和相互关系，还牵扯到系统论、耗散结构理论、自组织理论等多种复杂的基础理论。由于该课程基础概念较多、理论抽象深厚、知识面较广、与现实生活距离较远，所以导致学生兴致不高，学起来很吃力。根据同行和笔者多年的教学经验，认为这门课难教也难学，课程的难度严重影响了部分学生学习该门课程的积极性。

　　景观生态学是生态学和地理学的交叉学科，以景观为研究对象，探讨能量流、物质流、信息流和价值流在地球表层的交换规律，分析景观的空间结构、功能过程以及其在时间与空间上的相互关系。在目前，景观生态学已经广泛应用于生态建设规划、土地生态评价与规划、区域生态环境预警、森林规划与保护区设计、城市园林设计等方面，具有重要的实践指导意义。"景观生态学"课程已成为许多高校相关本科专业或研究生教育的必修课程。如何使学生比较全面地理解和掌握有关景观生态学的基础知识和理论，并且用以指导和解决实际问题，是"景观生态学"课程教学值得深入探讨的问题。

在"景观生态学"课程的教学过程中，要特别强调培养学生的基本理论、基本知识和实践技能方法，要求把生态学的理念贯穿于实践设计中，提高学生综合分析和解决实际问题的能力。但是"景观生态学"课程由于其理论性较强，专业术语晦涩难懂，学生通常会感到吃力并且兴趣不高，亟须在教学内容体系建设、教学方法的改进及考核方法的变通等方面加以改革。

"生态学基础"和"景观生态学"课程的教学不能仅停留在教材和理论上，而应该深入自然与社会，对生态环境中所遇到的实际问题进行分析和探索。根据同行专家的建议和学生的意见，逐步改革和充实生态学的实践教学内容，想方设法地让学生多接触自然，多了解人与生态环境的关系，扩充书本以外的知识。

（二）生态学实践教学体系改革

1.改革补充实践教学内容

针对园林专业的特性，生态学教学要侧重于研究人类对生态环境的影响及生态系统自身的一系列变化，突出生态理念和生态设计思想，以生态学理论知识为实际生产应用服务。为使教学内容更加符合专业实践需要，笔者经常阅览《生态学报》、《生态学杂志》、《景观设计》和《园林》等优秀刊物，尤其是新出版的景观及生态学书刊，力求掌握景观和生态学的最新动态，将相关进展融入课堂教学，对理论知识做一定的充实和改革，让学生了解当前专业领域的现状及进展。在此基础上，笔者建设性地提出了"三个阶段、两个突出"的实践教学体系，以培养具备生态学理论知识及生态理念的专业技术人才。

（1）教学内容

根据"生态学基础"的基础理论知识，把实践课分为初级、中级和高级三个部分，特别突出生态管理和生态规划设计两个方面的内容。在种群、群落、生态系统和景观生态等各部分内容里，分别补充了相关的实践教学内容，以突出生产实际应用，促进学以致用、学用结合。通过改革教学内容，使该课程符合在校学生的迫切需求，对转变学生认为该课程学而无用的思想起到一定的积极作用。

（2）具体做法

加强"生态学基础"实践课程建设，将在原先"生态学基础"课程教学实习的基础上突出强调"生态学基础"实践课，使其从理论教学的附属地位上真正解放出来。"生态学基础"教学实习原计划为5课时（安排在第10周），经过调整后，将教学实习课时增加到15课时（课程分插在各个章节后），加大应用性课程的比例。适当删减课程中原有的与专业联系较弱的内容，如：种群的繁殖、种群的繁殖策略、生物群落的排序、生态系统的信息传递等，同时增设生态管理、生态规划与设计等新内容，使"生态学基础"课程实践教学内容更加系统化，并对重点、难点内容加大训练强度。讲授的过程中避免"填鸭式"教学，扩充视频观摩、案例教学和讨论交流课，促使教师和学生加强交流、开阔视野，实践教学安排与各章节内容紧密结合，实践和教学相辅相成。

2. 强化多媒体教学

多媒体教学是指以计算机、网络、多媒体投影仪等硬件设备为平台，运用多媒体教学软件（课件）开展课堂教学的一种计算机辅助教学形式。多媒体技术因其图文并茂、声像俱佳的表现形式和跨越时空的体验，大大增强了学生对生态环境、种群动态、群落演替以及生态系统复杂过程的理解与感受，具有极强的直观性，同时也能够从全方位、多角度、深层次地调动学生的情绪、注意力和兴趣，使学生能主动地学习。教师讲解恰当，学生视听结合，对教学质量提高有明显的帮助。

笔者在讲授"生态学基础"课程时，以视频和幻灯为主要形式，对种群生态学、群落生态学、系统生态学、景观生态学进行电化教学，获得了满意的教学效果。教学时应处理好以下几个主要环节：

（1）教学中多使用视频、实例和图片，广泛参考其他相关资料

生态学中有很多理论较为抽象，实例是学生学习和理解的基础，要结合相应实例、图片资料才能较好地启发学生的思维，使其更好地理解相关内容。近年来，笔者一直坚持让学生观看视频教学片，主要是 Discovery 探索频道关于动植物物种群、森林群落、生态系统类型及人与自然和谐共处等几部科教教学片，使学生大开眼界，增长了知识。观看视频的时间共 7~8 个学时。

（2）教师不能照本宣科

在教学过程中，教师应该根据生态学的学科性质，采取启发式、案例分析、互动式、讨论式、课题研究式等多种复合式的教学方法。讲解要通俗易懂、浅显有趣，把抽象的理论简化、现实化。对 PPT 课件的制作，除了强调充分的文字表达外，还应该注意色调的搭配、字体的选择。

（3）采用教师引导，学生讨论法

在视频播放前，先简要介绍视频的基本内容。观看前，在黑板上写下要求学生在观看过程中应该记录内容的提纲，视频播放结束后，应对教学内容进行总结，帮助学生理出眉目，加深理解。教师的解说过程要由浅入深、由表及里，抓住本质和规律。为了考查学生是否认真观看、积极思考，常常采用当堂提问和课后作业等形式检查学生掌握的情况。这种"问题—讨论—互动"的复合教学方式可引导学生学会发现问题、提出问题，以此达到解决问题的目的。

3. 加强野外实践教学

加强野外实践教学，应当充分利用当地资源，让学生走出校门实践学习，见识一下现实中的种群、群落、生态系统及景观，使学生增加感性知识，帮助对理论知识的理解和记忆。按照"生态学基础"的教学大纲，组织学生到野外实习。这些教学内容

对学生而言，更具有适用性、针对性和示范性，颇受学生欢迎。

根据实践教学改革的要求，对群落构成、生态系统构成、生态规划设计和生态管理等考察和实践内容进行遴选。希望学生能从人与环境的和谐关系、景观元素构成及相互关系来区分和认识一个区域景观的景观构成要素，能分析景观空间格局的驱动因素，以此来指导规划与设计。

（三）景观生态规划实践教学模式探讨

理论研究的目的是为了更好地应用，是为指导景观生态规划与设计，因此"景观生态学"课程主要要求学生了解景观生态规划的概念、原则、目的和任务，熟悉景观生态规划与设计的内容、方法和步骤，掌握景观生态规划的要点，区分景观格局优化与景观要素规划，熟悉自然保护区、森林公园、林区景观的规划内容和设计方法，了解城市绿地、湿地、乡村景观规划的途径、内容和设计步骤，掌握区域生态旅游开发的基本模式、生态旅游区的景观格局分析内容和旅游区规划设计的途径。同时，需要及时跟踪具有科学性、前瞻性和动态性的教学内容，包括：景观生态安全、土地可持续利用、生态风险评价、景观异质性研究等。

主要采用如下几种实践教学形式，以提升学生的实践能力。

1. 多媒体辅助教学

"景观生态学"课程的理论性和应用性都较强，存在理论上抽象、应用上具体的情况。为了有效地培养学生的实践和创新能力，提高教学质量，必须采用多媒体辅助计算机教学方法。从园林专业的培养目标出发，在教学方法和手段上，应该尽可能选择多种教学传媒，将图片、图表、录像、报纸、杂志、光盘或科研过程形象地介绍给学生，全方位地传递各种知识、信息，激发学生的学习兴趣。在目前，最经济实惠的网络空间资源是 Google（谷歌）公司开发的 Google Earth（谷歌地球）软件，它把卫星影像、航空照相和 GIS（地理信息系统）布置在一个地球的三维模型上，有效分辨率至少为 30 米，对大城市、著名风景区、建筑物区域、部分公众关注区域，有效分辨率为 1 米或更小，能够获取高精度影像。操作 Google Earth 可以查阅地球上任何地方近期的地图、地形、田园、森林、荒地、建筑物等地表覆盖，内容十分丰富，展示生动，对提高学生的学习兴趣具有重要作用。

在采用图文并茂的多媒体课堂教学方式进行讲授的同时，还可以通过课堂讨论、辩论、启发谈话等多种方式，引导学生积极思考、开拓思路。如：讲授"景观生态学"中有关基本概念如斑块、廊道、基质时，其概念相当抽象，这时就应以野外实拍的图片资料进行讲解、分析，使学生对这些概念有更加客观、具体的认识。

2. 加强实践教学环节，注重能力培养

实践教学是培养学生动手能力、观察能力、分析和解决问题能力的教学过程。只有经过实践教学，才能使学生对课本上的抽象概念产生直观的、感性的了解。实践教学内容主要包括景观结构单元的调查与分析、景观空间格局的辨识、景观功能的测定和景观的分类评价等。要求学生结合实地调查区分斑块、廊道和基质三种景观要素，并在专业图上加以勾绘，分析计算主要景观格局的特征指数，如：斑块数量、周长、面积、形状指数、分维数、分离度指数、多样性指数、均匀度指数、优势度指数；结合景观要素识别、判断实习地区景观要素的类型，并计算网状景观的连通性；区别不同类型的森林群落，实测景观种子流、热量流、水分和土壤流的强度和方向，说明景观生态流与景观结构间的生态关系；基于地貌类型和植物群落类型，采用聚类分析等方法，进行景观分类，综合分析景观的健康状况和功能价值。

此外，可以利用科研项目配合实践教学，让学生参与相关科研项目的各个环节，有利于培养学生的素质，提高他们分析和解决实际问题的能力。还可以结合大学生毕业论文和大学生训练计划设立有关大地景观的立题，培养学生的科研素质。

二、园林专业校内实践教学基地建设

（一）园林专业实践教学现状

随着城市化进程的发展，园林景观行业获得了前所未有的关注及发展，各大高校纷纷开设园林专业课程，但很多高校的课程中缺乏实践教学环节，导致学生对基础知识的掌握比较薄弱，动手能力较差，因而学生毕业后竞争力不强。虽然有很多专家和学者都主张项目教学、实践教学，但实践教学开展方面仍然存在许多不足，主要的实践教学开展有建立实训基地和校企合作两种模式，但都存在着相应的问题。一方面由于资金缺乏等原因，致使目前一些专业的实训基地的设施只能停留在理论或演示阶段，实训技能课程无法落到实处，难以达到实训教学的质量；另一方面，当前校企合作大部分也仅限于挂牌或签合约的形式，深度的"产学研"结合模式较少，实践教学止步不前，上述问题在各大院校中普遍存在。

通过对园林专业的实践教学研究，发现建立校内实践教学基地是一个较好的方式，既能够提高园林专业实践教学的质量，也能够充分利用学校资源，最大限度地发挥其潜力，建设绿色生态校园，实现校园环境建设与园林景观专业的可持续协调发展。

（二）园林专业校内实践教学基地建设构想

园林专业实践教学需要满足不同课程的要求，即要满足基础课程的需求，掌握园林植物的识别、栽培及养护管理等方面的基本技能，如：花卉学、园林树木学、园林植物栽培学，同时也要满足对园林基本知识及相关技术的要求，如：园林规划设计、园林绿地规划设计。在此基础上，学生通过各种实训，能较好地掌握园林专业领域实际工作的基本理论知识和实践操作技能。由此可见，园林专业校内实践教学基地建设应该以培养学生的技术应用能力和创新能力为目的，以行业发展的先进水平为标准，形成真实的园林职业环境，形成集教学、科研、培训、技能鉴定和技术服务为一体的多功能、开放型的实践教学基地。

1. 与校园建设结合

园林专业校内实践教学基地的建设应考虑现有的校区建设进行统筹规划，根据其地形地貌及园林景观课程设置的需求合理布局，尽量做到少投入、高收益、好效果，除了满足教学实训要求外，也可以和实际的生产环节相结合。这样不仅能满足园林专业实践教学的需要，丰富实践教学内容，还能够更好地建设校园环境，丰富和增添校园景色，同时又能充分利用校园暂时闲置地，使校园的土地资源最大限度地得到合理的综合利用。

2. 与教学课程体系结合

学生在实践环节中开展相关课程的实践项目，能够使以往难以完成的实践内容得以实现，从而提高教学质量，并且可以使学生更好地熟悉园林环境，更快速掌握职业技能知识。根据教学内容主要可以分为三大模块，即园林景观植物实训区、园林景观规划设计实训区、园林景观运营管理实训区。

（1）园林景观植物实训区

园林景观植物实训区教学实践内容主要包括园林植物分类、园林植物的配植方式、园林植物栽培养护管理等方面，根据园林植物实践教学内容和需要，结合学校环境景观规划要求，在不同的区域景观空间可以相应地建立园林苗圃、花卉实习基地、园林树木园实习基地、园林草坪实习基地。

（2）园林景观规划设计实训区

建设校园景观规划设计展区，由教师介绍校园园林景观规划设计与施工，讲解学校总体规划设计、详细规划设计、园林景观规划设计、局部园林景观规划设计、校园部分景观工程设计与施工及工程项目管理等。同时也要给学生留出足够的场地，满足技术要求，可以通过提供各种园林工程材料，或制作的半成品，让学生更为直观地了解施工工艺，并且可以自行制作、布置园林建筑小品。这样可以锻炼学生的动手能力，培养学生的创新思维能力，以及相互交流的能力。

（3）园林景观运营管理实训区

提供园林植物苗木、花卉生产、经营管理实训场所，使学生学到从园林草本、灌木、乔木的基质处理，到给植物浇水、施肥、修剪整形，再到害虫防治等养护管理工作过程中的基本环节和技术措施，掌握园林常用设备和工具的使用方法。

（三）园林专业校内实践基地建设对策

1. 通过行业企业共建模式解决建设资金不足的问题

园林专业校内实践基地建设经费投入较大、见效慢，因此学校应当选择与行业中较有实力的企业合作，与企业互相支持、优势互补、资源互用。企业可以通过资金、先进设备或先进技术推进校园实践基地的建设，而校园实践基地也可以为企业培训职工，提供技术咨询、技术服务等，或为企业提供免费的科研试验用地。

2. 建设"双师型"教师队伍弥补实践教学经验的不足

目前在园林景观的课程教学中，园林专业的师资队伍薄弱，有丰富工程与教学实践经验的教师较为缺乏，导致学生对园林景观的认知程度不深，进而影响了园林专业教学质量的提高。培养"双师型"教师主要有如下方式：一是引进或邀请园林方面的专家、工程师、技师、管理人员及活跃在设计前沿的规划设计师来学校上课、讲座；二是派教师到企业中实践，教师积极参与到设计实践中，这样才能拓宽学生的眼界，保持学生对当今社会园林专业发展变化趋势的准确把握。

3. 建立良好的运作机制避免资源浪费

各大高校在实践基地的建设中，均存在为了满足学校评估或品牌效应而盲目追求一些高端设备仪器，开展华而不实的项目建设的现象。由于相关人员并没有经过专门的技术培训，不了解设备仪器的性能，设备不配套所以导致无法正常使用，造成资源的闲置和浪费。因此需要根据学校的实际情况，考虑设备的功能，合理配置设备资源，对于园林专业校内实践基地建设，首先选择主流生产型设备，并配有专业人员讲解操作，在此基础上，适量配置先进设备，增加学生接触先进设备的机会。

4. 通过师生参与校内实践基地管理避免后期维护的顾虑

园林专业校内实践基地的后期维护是笔不小的开支，通过师生自我管理可以减少后期维护的费用。在园林专业校内实践基地的管理方面，可以根据课程的设置，按班分责任区，养护责任到人，学生结合教学和专业实训阶段性地完成责任区内的部分工作量，使学生综合管理能力及园林专业技能都得到锻炼和提升。其次可以为学生提供勤工俭学的机会，利用学生的课余时间，由教师组织在学生自愿的情况下完成校园养护任务，并给予一定的报酬，学生既能锻炼专业技能，又能得到一定的经济补助。

总之，通过园林专业校内实践教学基地的建立，能为园林专业的学生提供一个良好的教学实践条件，在很大程度上提高教学质量，使学生能更加适应社会发展的需求，值得加以推广并且进一步探索与实践。

三、基于双创能力培养的实验教学环境建设

园林专业学生的创新创业能力培养和提高是现阶段教学改革的主要诉求。园林专

业应强化以能力培养为核心，建立有利于培养学生创新能力的研究型实验教学环境，实现"厚基础、强能力、善创新"高素养的人才培养目标。

（一）组建高水平团队，多途径开展双创教育

1. 师资队伍方面

重视师资结构和梯队建设，合理规划配置一支由学术带头人和高水平教授领衔，专职、兼职实验教师、实验技术人员、研究生助教组成的相对稳定的核心骨干实验教学队伍，培养一支"产学研"相结合的高水平师资实验教学团队。

2. 教学管理方面

针对规划设计类专业的特点以及需要，采用情境体验式、技能操作式、应用实践式等实验教学方法，以学生为中心开展自主式、开放式、项目式实验教学，注重基础教学与实验教学并行发展。

3. 教学模式方面

通过创新孵化基地和校外综合性实践基地的相互交融，加速教学科研成功转化，将第一课堂教学和第二课堂素质教育贯穿教学实践始终，以创新实验为抓手，推进创新人才培养。通过各种设计大赛、名师讲堂、社团活动、社会实践等教学环节加强学生的专业知识和技能，从而提高学生的综合素质。

（二）因材施教个性培养，提升学生的双创能力

1. 加强科研成果的转化利用，以研促教提升学生的创新能力

园林专业是应用型专业，适当的科研项目的引入有助于教师掌握本专业的前沿科技发展动态，而不断更新的教学内容，能让学生获得最新的知识。同时，教师也可以利用自己的科研经验，引领学生开发校园教学旅游区，将课堂内容和实践紧密联合，充分体现弹性、灵活的教学模式，开展具有创造性的实验活动。传授给学生提出、分析、解决问题的方法，倡导良好的实验室文化，培养学生的创新意识和实践能力。学生通过参加科研活动，增加了基础知识，开阔了视野，提高了自身的创新意识和能力。

2. 凸显学生个性，激发学生创业热情

个性化培养是由实验室全体教师和学生共同塑造形成的以学生为本的核心培养模式，实验室在规章制度和环境设置方面强化对创业的政策支持和环境熏陶，以实验室特有的价值观教育引导学生，充分尊重学生的个性、兴趣、爱好、能力、特长的差异，因材施教。给予学生充分的自主选择权，为学生的个性发展提供动力与支持，为学生自主建构知识体系搭建平台。将实验室视为学生实现自我价值最理想的组织，将个人追求与实验室的组织目标合为一体，从而在实验室内形成一个良好的创业文化环境，发挥学生自我教育、自我引导、自我鼓励的功能，促进学生心理上的共识、感情上的交融和人际关系的和谐。

（三）四年不断线，营造实验室创新文化氛围

对学生的培养可分为四个阶段，即专业兴趣培养、专业基础培养、专业综合设计以及专业创新能力培养。

（1）专业兴趣培养。

实验室充分利用国内外学术交流、学术论文、实验室网页、实验室宣传册等，将创新性构思、研究进展、承担国家重大科研计划、科研成果等情况及时的发表和展出，提高了学生的兴趣，营造浓厚的学术氛围。

（2）专业基础培养。

专业基础培养主要包括表达基础、植物基础和理论基础。在教学过程中发挥综合性院校的优势，打通文史、理工、艺术专业学科之间的传统壁垒，通过对学生空间、色彩表现的提升，拓展学生的艺术视野和专业兴趣。各门课程平行展开，学生分批、分阶段对专业基础分层递进，形成学生创意性思维模式及培养跨学科造型能力。

（3）专业综合设计。

专业综合设计是园林专业课程体系的核心部分，在专业设计工作室中，教师依据自身的学术研究成果、社会实践业绩和在相关专业领域的影响力，组织工作室的教师队伍，制订教学计划，确立教学目标，引导学生将所学的专业基础知识应用到专业设计及课程实践中。

（4）专业创新能力培养。

把文化传承、文化创新、文化交流结合起来，搭建专家平台进入实验课堂，全方面提高创新创业教育质量。结合地域文化优势，深化校企合作互动，通过相关科研项目的引入丰富实验教学内涵，将教、学、研、产有机地融入实验项目，发挥教师进行创新性实验的积极性和自主性。

创新能力是高等教育培养高素质人才的核心和灵魂。随着我国高等教育人才培养模式由传统的传授知识向全面素质教育模式的转变，创新精神及创新能力的培养成为学校人才培养的重要组成部分，而实验室是产、学、研结合的重要基地，是学生实践的重要场所，在培养人才创新科研精神、实践应用能力及服务经济发展方面具有独特的作用。

（四）民族旅游景观实验室的基本功能

为了培养具有创新型的高素质应用型人才，学校和学院高度重视民族旅游景观实验室的建设，加大对实验室建设的投入力度，加强实验室软、硬件平台建设。

民族旅游是我国西部地区经济发展的重要支柱产业，民族旅游的发展对于实现民族地区的经济繁荣、民族团结、社会和谐稳定具有重要的意义。在园林专业人才培养的过程中，通过融入民族旅游教学内容，突显民族旅游景观规划设计特色，能培养具

有民族旅游开发与保护、规划与设计、建设与管理等能力的高素质应用型人才。而实验室是培养学生实训能力的重要场所，但是长期以来，学生都存在重理论轻实践的思想，利用实验室进行实践的积极性并不高，实验教学只是在上实验课或作为课堂辅助教学时利用，造成实验资源浪费，实验室利用率及仪器设备使用率较低。

1. 构建立体化的实验教学体系

坚持"提高学生实践能力、创新能力、应用能力、就业能力"的教育教学理念贯穿于实验教学全过程，积极进行实验教学体系的改革。打破课程与课程之间、专业与基础之间、专业与专业之间的界限，按照实验教学与理论教学同步，实验教学与能力培养同步，以培养创新精神、综合素质和实践能力为核心，构建基础型实验、提高型实验（综合性、设计性）、研究创新型实验"三层面"一体的开放创新型实验教学体系。基础型实验属于必做实验，教师进行规范指导和规范教学。提高型实验（综合性、设计性），主要是充分利用实验室设备资源，让学生自己设计实验方案，独立撰写实验报告或者发表相关论文，使理论知识系统化，培养学生的综合实验能力。研究创新型实验主要以培养学生的创新精神为主要目标，充分调动学生的主观能动性。同时也要指导学生注重计算机与专业课程之间的结合，培养学生掌握现代科研技术和手段的能力。成果可以以毕业设计、小组讨论、参加各类科技竞赛及参与教师科研项目来展示，充分发挥学生的自主能力，全方面的来提高学生的综合素质和独立工作的能力。

2. 改革实验考核方法，突出能力素质考查

注重实验考核方式的多元化和考评指标的规范化，对于激励学生学习的兴趣并进行大胆探索，提高学生的主动性和积极性，全面提高学生的整体素质，提升教学质量都具有重要的意义。一是以学生知识、能力、素质的培养为目标，改革实验教学内容，加大提高型和研究创新型实验项目，使实验项目课时占到课程学时总数的20%以上，提高学生的自主性、创造性和积极性。二是突出能力素质考查，鼓励学生利用现代化多媒体教学技术，自己对实验项目操作过程进行录像，自己设计汇报课件，自己分析实验结果，渗透性地培养学生的综合素质和创新能力。三是指导学生充分利用实验室资源进行科技竞赛等创新活动，以科研项目为支撑把实验室作为孵化的基地，充分发挥学生的创造性和动手能力。四是突出创新能力培养，综合利用各种考试手段和方式，针对不同课程采用小组讨论、作业＋联机考试、汇报＋现代化教学手段等考试模式，使学生在科学素养和实验能力方面得到锻炼与提高。

3. 加大专业实验室开放力度，促进资源利用最大化

实验室是学生发挥创造性思维的重要场所，所以在培养过程中，实践教学就显得尤为重要。开放实验室是巧代高校实验室发展的一个趋势，不仅仅可以弥补课时不足，同时也有利于学生动手能力、创新能力、研究能力、分析和解决问题的能力、语言和文字表达能力、设计能力和团队合作精神的培养。因此，为了激发学生的学习热情，

充分发挥学生的潜能和才智，享受从事科学研究所带来的快乐，要加大对实验室的开放管理，提高学生参与科研的热情和能力。一是除正常上实验课外，要充分利用实验室的时间和空间，对实验室进行预约和全天开放相结合的管理模式，学生可以随时进入实验室进行实验，培养学生的自主创新能力。二是充分利用实验室资源，鼓励学生在课余时间利用实验室多开展一些创新型和综合型实验项目，不仅要对研究生开放，也要为本科生提供科研平台，与此同时学院要将开放实验纳入学生实践教学环节。三是演示实验能起到激发学生学习兴趣、促进独立思考和加深理解的作用。为了加强学生创新精神和创新意识的培养，应该加大实验室开放力度，充分利用实验室的现代化教学手段，观看演示实验室操作光盘，从而来激发学生的探索欲望和求知欲望。

4. 加强实验师资队伍建设

实验师资队伍是实验室建设的主体，他们的一举一动、一言一行都在潜移默化地影响着学生，在培养学生创新精神和实践应用能力方面起着根本性的作用。为了适应高科技的发展，发挥实验室的作用，一是在业务上要像重视专业教师的培养一样，重视实验室技术人员和管理人员的培养，每年要创造条件让实验室技术人员和管理人员进修、深造，开阔视野，增加知识面，提高专业技术人员的文化素质和水平。二是要积极引进具有丰富实践经验的名师专家、高级技术人员充实实验室队伍，扩大"双师型"实验教师队伍的数量。三是每年保证选派 1~2 名教师到企业中去挂职锻炼，加强教师的实践技能操作。优化各专业队伍的年龄结构、专业结构、知识结构和职称结构，形成梯次配备、合理搭配、优势互补的"双师型"实验师资队伍。

实践能力和创新精神的培养已成为高校人才培养追求的崇高目标。实验室建设是一项系统工程，既有实践教学方面的内容，也有实验室管理方面的内容，培养大学生的创新能力，激发其创新思维，要合理地不断配置实验教学资源，积极努力地完善实验教学条件，建立行之有效的创新人才培养途径。

第二节　园林协同教学与考核管理模式改革

园林专业课程之间的关联性非常大，将原有自成体系的各门课程或教学环节中有关的教学内容通过新的组合与衔接方式进行整合，有利于发挥协同教学的综合优势。基于专业特点的规划设计类课程的考核与管理的改革创新，既有利于科学评估教师的教学能力和教学效果，也有利于提升学生学习的积极性。本节主要围绕上述两个教改问题进行实践探讨和总结。

一、3S 技术与园林规划课程协同教学模式探讨

城市绿地系统规划、风景旅游区规划、居住区景观规划设计、公园规划设计等内容是园林规划设计课程的主要内容。同时为了加强规划技术手段，提高规划过程的客观性，桂林理工大学旅游学院园林专业专门开设了"3S 技术与应用"专业信息技术课程。

"3S 技术与应用"课程的教学目的是让学生通过了解现代先进的科技手段地理信息系统（GIS）、遥感（RS）和全球定位系统（GPS）的基本原理、方法和应用，增强规划设计过程的客观性，培养学生应用新技术分析解决专业问题和辅助园林规划设计的能力。但经过几年的教学实践，这一教学目标并没有真正完全实现，主要表现为 3S 技术课程教学上比较独立，与园林规划设计课程缺乏继承衔接。同时，学生主动应用 3S 技术辅助规划设计的意识并不强，仍然把 3S 技术看作为可用可不用的技术方法。究其原因，一方面在于学生没有充分认识与重视 3S 技术方法的本质及其对园林规划设计的支撑作用；另一方面在于教学模式缺乏与景观规划设计类课程的相交渗透，这在一定程度上阻碍了学生对 3S 技术方法正确认识的形成。

（一）3S 技术课程的特征与作用

1. 3S 技术课程的特征

（1）基础性。

3S 技术分析是景观规划设计过程中的关键步骤，就如 AutoCad（绘图软件）、Photoshop（图像处理软件）、ketchup（草图大师）、手绘等专业基础技能教育一样，在国外已成为园林相关专业教育不可或缺的基础课程。

（2）飞速发展性。

在人与自然矛盾突出的今天，景观规划设计师需要解决的专业问题也日渐特殊，这就要求相应的技术方法也日新月异。与其他计算机辅助技术相比，3S 技术发展更新极为迅速，其硬件设备、软件功能等会随着测绘、调查、规划等方面的需要而不断成熟，以便于更好地满足相应学科发展的需求。

（3）实践性与应用性。

应该加强 3S 技术与应用教育的操作实践活动，注意在教学过程中贯彻"从景观规划设计中选取实例，再回到实例中去解决实际问题"的原则。

2. 3S 技术课程是培养专业信息素养的必要途径

园林规划设计，需要查询、收集、组织、评估等多种场地信息，如若能掌握相应的 3S 技术知识，则能更有针对性地解决场地现存问题。当前，在发达国家和我国较发达的城市，3S 技术等普及型信息技术课程已经下放到中小学教育中，高等学校的 3S 技术教育则放在利用信息解决问题能力的培养上。

3. 3S 技术在景观规划设计中的作用

园林规划设计师在实际案例中接触和利用的大部分信息与地理空间信息相关，GIS、RS、GPS 技术以其快速、实时获取大量空间信息的能力、强大的空间处理分析能力、良好的可视化特性，得到规划设计行业的重视，进而逐渐在景观规划设计领域得到越来越多的应用，成为提高规划设计科学性与合理性的工具。从整个景观规划设计过程来看，3S 技术在景观规划设计的各个环节均可发挥作用，而且随着研究实践的深入，其功能还在不断扩展。

（二）协同教学：将 3S 技术与园林规划设计课程整合

1. 课程整合

课程整合就是将原有自成体系的各门课程或教学环节中有关的教学内容通过新的组合与衔接方式进行整理与合并，使相关课程或教学环节能形成相互联系、彼此衔接、结构性好、整体协调的新型课程或教学环节，以发挥综合优势。

为了进一步提高 3S 技术课程的教学效果，加强学生以 3S 技术为工具辅助景观规划实践的意识和能力，笔者认为必须进行教学改革，增加园林规划设计课程和 3S 技术课程协调教学的互动联系，实现园林规划设计课程与 3S 技术课程的整合，使学生在实际案例规划设计过程中，充分理解 3S 技术对景观规划设计的支撑作用，掌握相关 3S 技术方法的应用。

2. 课程整合的意义

（1）课程整合的个人价值。

学生是课程整合最直接的受益者。对于学生来说，课程整合具有以下意义：①从本质上分析，3S 技术课程与园林规划设计课程的整合是方法论与实践应用的结合，3S 技术方法能直接为园林规划设计的各过程提供支撑与指导。因此，两类逻辑性极其相关的课程整合能够满足学生逻辑性思维发展的需要，也能够促进学生逻辑思维能力的培养。②通过课程整合的学习，学生能体会到景观规划设计过程的复杂性与特殊性，而想要解决好这些复杂或特殊问题，就需要不断地学习更新 3S 技术方法。这种先发现问题，再想办法解决问题的过程无疑会促进学生不断学习、更新并总结自己的专业知识，能满足学生终身教育的愿望。③对于景观规划设计过程的复杂性与特殊性，通过两类课程整合的学习，学生能逐步发现解决问题的"钥匙"，这将有利于培养学生对未来职业的适应性。④将两类本身联系就十分紧密的课程进行整合，在提高学生逻辑思维能力的同时，也能提高学生解决专业问题的综合能力及培养工作的严谨性与科学性。

（2）课程整合的知识价值。

课程整合首先要找到需要整合的课程的联系点。园林规划设计课程在方案提出、设计过程、分析评价、规划管理阶段都需要用到各种规划方法和统计方法，而这些方法本身恰好又是 3S 技术课程需要向学生着重介绍的，通过课程整合能将两门学科的研究方向推向深入，将跨学科知识结合，促进彼此的发展。

（3）课程整合的社会价值。

课程整合的社会价值不是由课程本身直接实现的，而是通过学习过该课程的学生在社会中发挥的作用实现的。目前，国内园林规划设计行业正在呼吁提升规划设计过程的科学性与客观性，3S 技术方法无疑是增加规划设计过程科学性的有力工具。若学生通过该整合课程的学习，能将 3S 技术方法应用于园林规划设计的过程中，随着学生走向相应的工作岗位，他们也必将成为提升园林规划设计科学性与客观性的潜在力量。

（三）园林规划设计课程与 3S 技术课程协同教学模式

1. 前后呼应的协同教学模式

这种教学模式主要是针对园林规划设计课程与 3S 技术课程为前后开设的情况。对于这两类课程开设时间不同步的情况，要求园林规划设计课程的专业任课教师在授课时设立专门章节讲述园林规划设计中的 3S 技术方法的理论体系。3S 技术课程的教师则在教学过程中，针对园林规划设计过程中提及的具体技术方法，以具体园林规划设计案例作为分析对象，指导学生如何应用 3S 技术完成相应的园林规划设计步骤。如：针对山地公园的景观规划设计，专业教师在园林规划设计课程中需要讲述 3S 中坡度坡向分析、视域分析、可视点分析等空间分析功能能为道路、观景平台、景点的布置提供依据。而 3S 技术课程教师则结合该山地公园案例，具体讲述 3S 中坡度坡向分析、视域分析、可视点分析等的基本理论原理，以及如何在 3S 中实现各种分析过程，并且怎样用于具体的道路、观景平台、景点的设置过程。前后呼应的协调教学模式是在现有教学模式的基础上进行改进，增强互动性与衔接性，前期教给学生概念，后期在教学中给予呼应，增强课程的连续性与衔接性，增强学生的学习兴趣。

2. 同步交叉式的协同教学模式

这种教学模式主要是针对园林规划设计课程与 3S 技术课程同时开设的情况。在学生已经具备景观规划设计基本原理等基础知识的基础上，将园林规划设计课程和 3S 技术课程同时同步设置相同的教学时段，针对同一规划设计案例，在教学环节进行联合教学。仍以山地公园为例：在公园规划设计过程教学中，在前期场地分析评价阶段（如：坡度坡向、视域等），与 GIS、RS 内容结合起来，采用 GIS 辅助地形分析、可视性分析、场地评价等，为公园道路、观景平台、景点的设置提供决策依据。这样既能让学生深刻体会到 3S 技术可以提高规划设计的效率、精确度和科学性，又能培养学生在园林规划设计过程中的逻辑性、严密性和科学性。同步交叉式的教学模式要求两类课程同时同步开设，要求专业教师之间加强交流沟通，教学上彼此相互协作，能取得事半功倍的教学效果。

3.融合式的协同教学模式

融合式的教学模式将 3S 技术作为一种技术工具融入园林规划设计课程的教学中，即在两类课程的教学过程中坚持以"方法技术为主、培养景观分析能力"的原则，采用"任务驱动"的教学方式，增强学生的规划设计能力。仍然以山地公园的规划设计为例。教师分别介绍山地公园规划设计的基本原理、公园场地的基本概况、规划设计的要求，以及 3S 中坡度、坡向、视域等空间分析方法的基本原理和各自实现过程之后，引导学生根据公园基本概况和规划设计要求，培养学生借助 3S 技术通过不同途径来获取信息，并且对获得信息进行筛选、交流、分析、加工以及创新的能力，将信息处理分析的各种能力体现在自己的规划设计过程中。这种以案例为中心的融合式模式，能引导学生将教师讲授的分散的理论知识与技术方法，根据案例的需要，通过对案例来进行有机串联，培养学生对园林规划设计的把握能力和对掌握信息的综合处理能力。

从另一角度来说，融合式教学模式也对教师提出了更高的要求。不仅要求专业教师具有跨学科的专业知识，而且改变了传统的以讲授灌输为主的教学方式，要求专业教师作为学生学习活动的设计者、咨询者、引导者和合作者，从而促进了教师教学职能的改变与转化，对学生专业学习兴趣的培养增加了一剂良好的催化剂。随着今后大学本科的培养方向向培养综合应用能力为主而转化的趋势，园林专业本科培养方向也逐渐强调综合规划设计能力与素养的培养，这种融合式的协同教学模式也是未来园林专业本科教育的趋势。

二、基于过程管理的案例教学实践与应用

（一）"项目导入 + 过程管理"模式的提出

项目导入教学法最早于 20 世纪 80 年代在德国职业教育与培训改革思潮中被提出，它强调以项目为主线、教师为主导、学生为主体，将实践项目贯穿于教学始终，用任务和项目引入新知识，在组织课堂教学过程中采用案例教学法加强对知识重难点的突破，为学生提供循序渐进、由表及里的学习方法和途径，激发学生自主学习的兴趣和动力。项目导入教学法的提出，在我国获得了众多院校和学者的认可，如：徐兵系统论述了机械设计课程教学中引入项目导向法的必要性及实施方法；徐永良就电子商务课程实践教学中对项目导入的实施内容和实施效果进行了分析；俞明等人就企业视觉形象设计课程项目引入过程中的校企合作、实训室建设、课程考核评价体系改革等问题提出了建议；李政敏、朱学斌分别对项目导入法的实施过程和实施策略进行了系统分析。已通过研究出现了很多成果和成功案例，但在调查分析中也发现，现有的以项目为导向的课程教学研究和实践中，对于项目导入实施中的过程管理和质量监控不够，更多关注于项目后期的完成情况，而忽视了项目过程中各环节的总结与评估，其结果

导致项目导入流于形式、教学总体成效模糊等问题。鉴于此，笔者提出将项目导入与过程管理相结合的案例教学模式。

过程管理理念源于全面质量管理思想。全面质量管理由美国管理学家费根堡姆和米兰两人最先提出，其核心思想强调一个组织必须以质量为中心，以全员参与为基础，追求组织的长期成功，让组织中的所有成员及社会受益。课程案例教学中导入全面质量管理的过程管理方法将有助于调动全体人员的主观能动性，给予不同主体明确的责任分工，要求全体人员按照规范的程序文件、质量记录完成自己的工作，并且在此过程中进行全方位的管理、监控和评测，从实践课程任务导入之前到课程任务执行，直至任务完成和最后评估。

总而言之，"项目导入 + 过程管理"模式在以项目导入、以任务驱动等情景式教学的基础上，加入全面质量管理的内容，加强对教学过程的全人员、全过程和全方位管理，其显著特点如下：一是将学科体系模块化，将模块以项目和任务的形式导入，既强化了教师进行项目选择和分配的能力，也使学生的学习由被动变主动；二是过程管理包括项目选择、项目导入、阶段检查与调控、质量评估总结全过程，避免教学问题的"事后算账"，在过程中将失误纠正，优化教学方法和教学手段，达到最佳教学效果；三是学生、教师、企业专家多方参与、互相评价，真正实现教学相长。

（二）案例教学实施过程：PDCA 循环

PDCA 循环法是过程管理的方法之一，最早是由休哈特于 1930 年构想，后来被美国质量管理专家戴明博士于 20 世纪 50 年代初再度挖掘出来，他将质量改进的全过程分为 P（Plan）计划、D（Do）实施、C（Check）检查、A（Action）总结处理四个阶段。"项目导入 + 过程管理"模式的教学过程中可依据此四阶段展开。

1. P（Plan）计划阶段

（1）课程目标体系的建立。

根据课程人才培养目标，结合市场人才要求，建立课程教学质量目标。课程目标体系应以文件形式表现，包括：教师的课程进程计划、任务分配计划、课程工作记录、课程检查记录和总结、成绩考核表及学生的课程笔记、课程工作记录、读书笔记、课程报告等。

（2）项目选定与设计。

教师项目的选择应以培养锻炼学生的知识理解能力、分析能力和应用能力为主，根据课程结构和模块设置将适合的项目导入，并且进行任务分解。根据项目总体要求，把教学内容隐含于任务之中，让学生在任务完成的过程中提出问题、思考问题并解决问题，从而完成对课程理论知识和技能技巧的理解与应用。项目设计和选择应遵循以下原则：一是时效性和应用性，结合社会实际和市场真实需求，以应用性为着眼点选择合适项目；二是针对性和可操作性，根据学生的课程基础、认知能力和兴趣，选择有针对性、难易适中的项目以促使项目得以顺利开展；三是完整性和规范性，所选项目要求其背景信息和数据资料必须完整，项目整体内容合乎规范，以此来保证项目论证的科学性和结论的有效性。

2. D(Do) 实施阶段

（1）项目导入。

明确教学目标和任务，将教学内容分成＋同的课程模块，再将项目合理地导入各个课程模块中，使课程内容与项目内容相匹配，并向学生说明项目、子项目和各个任务之间的关系。

（2）项目管理。

根据学生的学习能力和前期基础将学生进行分组，设组长一名，每位组员在每个项目中也都承担相应任务，形成团结协作、优势互补的合作团队。课堂教学开始时项目任务也开始启动，通过任务提出问题，将学生引入思考、分析和研究中，在此过程中教师和企业专家通过教学内容的整合讲授以及项目任务的辅助指导，完成核心概念和原理的传授，并通过这样来锻炼学生的实际操作能力。

3. C(Check) 检查阶段

检查阶段要确认和评估项目执行情况是否达到预期目标，强调全过程检查和全员检查。教师要跟进学生每个项目的阶段性进展，检查团队的工作计划、工作方法是否得当，团队协作是否充分，以保证学生能出色地完成项目任务，较好地实现教学目标。教学效果的最终评估以学生最终整体项目的完成情况为主，要求每个小组在学期末提供完整的整体项目文本并通过电子演示稿进行方案推介，最后由小组之间进行互评，教师和企业专家点评，对项目整体的完成情况进行评价并给出最终成绩。项目过程中教师和企业专家间也要进行阶段性检查，通过自查和互查以及学生的教学反馈，检查教师的教学方法是否得当、企业专家的参与度和参与效果是否适宜等问题。

4. A(Action) 改善阶段

根据教学进程阶段性检查的结果，不断修正项目导入执行中出现的问题，诸如在阶段任务完成过程中出现学生参与积极性不够，或是选用了虚假信息和数据，或者任务难度超过学生当前能力范畴等问题时要及时修正，更正教学计划，将问题写入教师教学日志，以免重复出错。教学终期考核中，全面考核学生对于课程知识点的理解运用能力以及项目导入过程的执行情况和整体效果，总结和评估出所存在的不足并提出改进措施。至此，"项目导入＋过程管理"教学的 PDCA 管理的一个循环完成，经修正进入下一循环。

（三）以过程管理为目标的案例教学的应用

"旅游策划学"课程是一门理论及实践并重的专业选修课程。该课程在教学过程中，也存在高质量教学案例项目的缺乏、项目导入及任务分解不到位、项目导入未进行有效的过程管理等问题，因此在教学中有必要采取"项目导入 + 过程管理"教学模式，下面以笔者的教学体验为例探讨该方法的实践和应用。

课程计划阶段首先要明确课程的教学定位，结合教学大纲要求确定该课程教学目标：学生通过该课程的学习，熟悉并掌握旅游策划相关理论和方法，具备一定的旅游项目实际策划能力，培养学生的分析能力、创新能力和策划执行能力。在此基础上，制订详细的课程计划，选定相关项目并制作质量管理文件。

"项目导入 + 过程管理"模式着重于对项目导入前、项目导入过程中和项目完成后全过程的质量监控和效果分析，是对案例教学方法的补充和提升，其操作理念和方法还有待在教学实践中不断的修正与完善。

三、"园林设计初步"课程考核模式改革探索

"园林设计初步"是园林专业重要的专业基础课之一。课程设置的目的是使学生初步了解和正确认识园林及园林设计、学习园林设计的基本理论和基本知识、初步掌握园林设计的基本方法与表现技法，培养学生的专业规范性，引导学生由一般抽象逻辑思维向专业形象思维转变，由理论基础知识向专业设计表达过渡，为后续学习园林专业课和掌握本专业核心知识奠定基础。该课程被称为园林设计的起点，对今后的专业设计课程的学习起到至关重要的作用。

课程考核方式是课程教学目标的一个关键环节，考核是教学的指挥棒，既是对教师教学能力和教学效果的检查，也是对学生学习能力和学习结果的评价，直接影响着学生的学习方式、学习习惯、学习内容的选取，对引导学生自主学习，提高学生学习的积极性有非常积极的作用，是"教"与"学"信息的反馈。合理、规范、科学的考核，必须围绕教学目标、专业特点、课程性质及学生特点进行"园林设计初步"课程考核模式的改革，以突显该课程的教学目的。

考核是当前课程评价及检测学生学习效果的基本方法之一，只有通过科学合理的考核才能真正达到多角度客观评价的目的。"园林设计初步"课程考核改革，结合专业定位、培养目标和社会对人才的培养需求，建立了以考核理论知识和基本表现技法为基础、以掌握专业规范性为重点、以学生的逻辑思维向专业的形象思维转变为参照的课程考核体系，突出了考核内容的客观性、可操作性和系统性，量化了成绩分配标准、考核环节及考核内容，将考核贯穿于整个课程教学环节，通过构建合理的考核内容框架、多元化的考核成绩构成及测评指标体系，实现了对学生多角度客观公正的评价，

培养了学生的组织协调和团队合作能力，激发了学生的学习热情，提升了学生的创新能力和综合素质。

四、园林专业毕业设计存在的问题及对策

园林规划是一门实践性非常强的应用学科，主要的人才培养目标是园林设计师。园林专业的毕业生进入社会后，不仅是要会设计，还需要解决与园林相关的许多问题，比如：景观规划、景观设计、施工、选材、管理等。因此，设立园林专业的高校应该规范园林教育课程的教学体系，尤其是规范毕业设计的教学体系，保证毕业设计的质量，为社会源源不断地输送优秀的园林专业人才。这里主要针对毕业设计阶段的教学进行探讨与改革，希望把好毕业的最后一道关，通过毕业设计使该专业的学生实现知识的贯通、能力的提升及创新思维的形成。

（一）目前高校园林专业毕业设计存在的问题

1. 毕业设计选题缺乏时效性

当前高校园林专业毕业设计的选题主要是由导师进行拟题，其选题往往是教师自己擅长的领域或者已经实际完成的工程项目，目的是便于指导。

可事实上，笔者对园林专业毕业生的设计选题进行了浏览与归纳，发现这种选题模式并没有达到当初的预期。因为教师的专长领域毕竟有限，而且教师的教学任务很重，他们参与实际工程项目的数量与质量都有很大的限制，具体反映到毕业设计的选题上就是选题的类型非常单一，选题内容比较陈旧，导师对每一届学生的指导选题题材大同小异，毕业选题不能及时反映社会对该专业的需求和期望，不能关注当下的热点，无法融入园林工程项目的实际，这会令毕业设计选题的实际效果大打折扣。

2. 毕业设计过于强调独立性

当前高校教育对大学生毕业设计的指导原则是"一人一题"，园林专业也不例外，此种选题原则有利于学生独立思考选题，锻炼独立运用知识与技能的能力，而且杜绝了当前比较泛滥的抄袭问题。但是园林专业具有自身的特殊性，这种方式不尽合理：①由于"一人一题"，决定了这个设计的难度必须要低，工作量必须要小，所涉及的空间与场所范围不能太大，因为一个人是无法完成大型项目的设计工作，而局限于小型园林空间设计又无法真正考验学生知识掌握程度与解构重组能力，这也就限制了创新性的发挥；②"一人一题"不利于形成良性竞争关系，由于课题关联性不大，他们最终的设计作品会缺少可比性，无法激起学生的竞争欲望，"一人一题"不利于园林专业团队精神的培养，过于强调独立性，会让学生失去合作的机会，不能实现知识与技能的互补，无法通过团队去完成一项大型的园林毕业设计。

3. 毕业设计的创新性不足

当前高校各专业的毕业设计，并没有将发展毕业生的创新能力作为重点培养目标，而是为了让学生顺利毕业，降低了对毕业设计创新性的要求。园林专业的毕业设计虽然有一定项目实效性，但是问题较多，真正能称为"精品"的毕业设计非常罕见。当前园林项目建设存在的主要问题之一是设计内涵不足，缺乏创新性，急功近利，毕业设计也毫不例外，虽然学生可能会学到一定的实践经验，但是却忽略了最重要的创新精神培养，因此学校无法培养毕业生做出一流的、极具创新的毕业设计作品，也不利于毕业生日后成长为一名优秀的设计者。

4. 对毕业设计的质量把控不严

毕业设计工作是一项烦琐而艰巨的任务，而且毕业设计是园林专业学生完成学业的最后一道关卡，必须严格把控质量，这就需要制定科学的毕业工作规范、检查制度，要将毕业答辩标准具体化与完整化。当前不少高校园林专业的毕业设计工作制度并不健全，对毕业生毕业质量把控不严，有的教师由于自身素质有限，无法高标准地指导学生完成毕业设计；有的教师责任心不强，对毕业设计指导不上心，往往草草了事，导致毕业设计质量差。

（二）提高高校园林专业毕业设计质量的对策

园林专业毕业设计教学过程是为了实现高校的人才培养目标，是培养计划中最后也是最重要的环节，在完成学业的同时，更是为了培养学生的综合素养。因此，对园林专业毕业设计的教学改革是一种必然，应该采取积极的措施。

1. 改革毕业设计的选题方式

园林专业毕业设计的选题要摆脱导师命题的模式，改变导师占主导的现状，让教师站在宏观指导的位置上，让学生充分发挥选题的主观能动性，令学生通过充分的调研，结合毕业设计的选题要求与自身的兴趣，最终选取一个既符合时代要求，又不脱离导师实践指导的选题。毕业生在自主选题时，应该注意以下几点：①要注重题目所涉知识的深度和广度，将题目与自身能力挂钩，不要选择自己的知识与能力都驾驭不了的题目，否则无法及时高质量地完成毕业设计；②毕业选题要符合园林行业的市场发展前景，要具备一定的实践性，不要选择一些高大空、泛泛而谈的题目，而是要贴合市场实际，具有一定的理论意义与实践意义；③应改变指导教师选学生的模式，先确定学生的选题，再根据选题涉及的方向去确定该领域较强的指导教师，这样会事半功倍，最终完成一个上乘的设计作品；④选题时一定要对题目进行大量的资料收集，对选题进行论证以证明其合理性与前瞻性，充分听取导师的意见，综合各方面因素完成选题。

2. 构建完整的导师指导体系

在"一人一题""一人一师"原则的指导下，根据园林专业的具体特点来变通，在毕业设计过程中更加注重培养学生的设计能力。因此，园林专业毕业设计除了实现由学生来决定导师外，还可以实施"双导制"或者"导师组"制度，即在确定主导师后，由于园林专业毕业设计还会涉及许多其他的知识点，如：园林工程的制图、计算机制图软件的应用等，根据学生毕业设计的需求，来确定协助导师。如果仅需一名协助导师，则为"双导制"；若是打破"一人一题"的选题模式，由几个学生共同完成一个大型园林工程项目，则可以选取多名协助导师，共同来指导学生完成毕业设计，则成为"导师组"制度，这要根据具体的选题情况来定。这种模式可以突出培养学生的知识迁移能力与分析推理能力，全面学习和加深巩固专业知识与技能，在导师有针对性的指导下，更好地发散自己的思维，激发设计的灵感，从而做出高质量的毕业设计作品。

3. 重视毕业设计的内涵创新

园林专业的学生毕业后会投入园林市场的各个岗位，市场对他们的要求是不仅要注重设计结果，更要注重设计的内涵，所以说园林设计一定要具备创新性。园林专业毕业设计一定要注重设计思考过程，把握毕业设计作品最终的内涵，将创新摆在重要位置，杜绝重复与抄袭、作弊，更加关注作品深层次的人文精神与生态机制，开发创新性思维，借鉴有用的资料、想法，使用先进的技术手段与软件工具，最终令作品更富有创造性。

4. 对毕业设计的质量严格把关

园林专业的毕业设计，考查的不仅仅只是学生，更是对教师的考验，需要教师具备足够的理论和实践素养，可以指导学生的设计行为，从而提高毕业设计质量。因此教师要提高自身的素养，除了基础的理论素养，如：专业基础知识、设计能力、设计涵养，还要有一定的园林工程实战经验，能够指导学生通过毕业设计做出好的作品。

学校要做好园林专业毕业设计的管理工作，构建毕业设计的质量监督机制，在学生的选题、开题报告、中期报告与最终答辩、设计展览等各个阶段进行质量把控；建立科学的毕业设计评价标准，加强过程化的管理，从而保证每个学生都能按时按质地完成毕业设计；对于高校毕业设计的答辩必须严格细致、科学合理，把好毕业设计的最后一道关，保障每一个学生毕业设计作品的质量。

（三）结语

高校园林专业的毕业设计是为社会培养优秀园林人才的重要阶段，对培养大学生的综合素养、创新能力、实践能力都非常重要，是对 4 年学业成果的科学检验。做好毕业设计是每个学生最后的功课，学校、教师与学生都应该全力以赴。面对当前园林专业毕业设计的现状，笔者提出了改革园林专业毕业设计的策略，希望通过改革提升毕业设计的质量。

第三节　新形势下园林专业人才培养方案的修订

本次人才培养方案修订的指导思想是坚持"分类培养、全面发展"的总体目标，突显学生创新创业能力和综合实践能力的培养，进一步强化园林专业人才的核心竞争力。

一、培养目标

为适应经济社会发展和新型城镇化建设的需要，园林专业主要培养具有良好道德品质，身心健康，系统掌握园林学科的基本理论与实践知识，能胜任园林规划设计、旅游景观规划设计、园林植物应用、工程技术与建设管理、风景资源与遗产保护等方面工作，具有扎实理论基础，实践能力见长的应用型高级专门人才，同时为了满足学生个性化发展的需要，分流培养具有较强科研能力和一定创新思维的学术型人才。

毕业生可在规划设计机构、科研院所、管理部门、相关企业从事风景区、城乡园林绿地、旅游游憩、国土与区域、城市景观、生态修复、园林建筑、园林遗产等方面的规划、设计、保护、施工、管理及科学研究等工作，也可在本专业或相关专业继续深造。

二、培养规格

毕业生应获得以下几个方面的知识和能力：

（一）素质要求

1. 思想素质

坚持正确的政治方向，遵纪守法，诚实守信，具备高尚的人格素养和良好的团队合作精神。关注人类生存环境，热爱自然，具有良好的环境保护意识。

2. 文化素质

具备丰富的人文社科知识和较好的艺术素养，熟悉中外优秀传统文化和区域民族文化；具有国际视野和与时俱进的现代意识。

3. 专业素质

受到严格的科学思维训练，掌握一定的规划设计与研究方法，有求实创新的意识和精神，在专业领域具有较好的综合素养。

4. 身心素质

具备良好的人际交往意识和心理素质，以及具有健康的体魄和良好的生活习惯。

（二）知识要求

1. 自然科学知识

具有较好的生态学、生物学、地学、气候学、水文学等方面的基础知识。

2. 人文社会科学知识

具有哲学、社会学、管理学、文学、美学与艺术、环境行为与心理学等方面的基础知识。

3. 专业知识

掌握园林规划与设计、园林建筑设计、园林植物应用和园林工程与管理的基本理论和方法及园林表现手法；熟悉园林遗产保护与管理基本理论和方法、园林相关政策法规和技术规范；了解园林施工与组织管理、园林研究和相关学科的基础知识。

（三）能力要求

1. 获取知识的能力

具备现场调查、基础资料收集、定量与定性分析等能力。

2. 应用知识的能力

具备空间想象和组织能力，能够针对不同环境类型提出规划设计方案。

3. 表达知识的能力

掌握图片、文字及口头表达技能，具备实体模型制作、计算机及信息技术应用能力。

4. 沟通协作能力

具备较强的交流、沟通、组织和团队协作能力。

（四）创新创业要求

掌握创新创业活动所需要的基本知识，具备创新创业所需要的探索精神、创新意识和实践能力；了解行业环境、创业机会和创业风险，鼓励学生体验创业准备的各个环节，具备基本的创新创业素质。

三、主干学科

园林专业的主干学科主要有园林学、城乡规划学、建筑学。

四、主要课程和主要实践教学环节

（一）主要课程

园林专业的主要课程有园林学导论、中外园林史、生态学基础、园林规划与设计原理、园林规划与设计、园林建筑设计、植物景观规划与设计、园林遗产保护与管理、园林工程与管理、旅游规划设计实务。

（二）主要实践性教学环节

园林主要实践性教学主要包括：实验、实习、设计和社会实践及科研训练等形式。实习包括认知实习、生产实习和毕业实习三个环节，设计包括课程设计和毕业设计（论文）两个环节。

（三）主要集中性实践教学环节

这主要包括园林植物认知实习、园林综合考察、园林 Studio 与专题设计、园林师业务实践、毕业实习与毕业设计。

五、学制与学位授予

园林专业学制为 4 年，授予工学学士学位。

第五章　产教融合综述

中国高职教育 20 年的健康发展，既是对校企合作、工学结合的实践探索，也是对坚持产教融合这一重要经验的最好诠释。尤为可贵的是，中国特色的高职教育改革是从基层院校的实践探索开始的，一批高职院校坚持与产业互通互融，努力将代表产业发展趋势的优秀元素融入教育教学过程，在创新人才培养模式、建设专兼结合的教学团队、服务社会、服务地方、服务企业和形成办学特色等方面取得明显成效，加快了高职教育改革步伐，走出了一条不同于普通高校的发展之路，将产教融合的内涵提升到一个新的高度，显示出了空前的活力。

第一节　概述

高等职业教育的发展为我国高技术产业、现代制造业、现代农业和现代服务业提供了强有力的人才支撑，满足了企业对技术技能型和应用型人才的需求。但是随着社会的不断进步，高等职业教育越来越不适应经济社会的发展，也越来越不适应从"中国制造"到"中国创造"发展模式的变革。如何加强高等职业院校的管理，亟待从理论和实践上进行探索。教育部早在 2006 年 11 月就开始启动百所示范性高等职业院校建设工程，随后国家开展地方政府促进高等职业教育发展综合改革试点项目，都在努力打造高职特色，创新管理模式，实现职业教育与地方经济融合发展。通过在这几方面深入、全面探索，发现产教融合这种新的模式比较适合高职院校的发展，即整合办学资源、坚持融合发展是提升高职院校快速发展的不二选择。

一、如何理解融合？

第一、融合是一种理念，是一种方法。这种理念是高等职业院校必须走出去，主动地与区域经济相融合，与企业、行业相融合；主动及时地掌握科技发展、技术进步的最新动向和信息。同时，这种理念也要求高等职业院校把校外的企业、专家、资源、技术、方法请进来，为我所用，促进学校的发展。

第二、融合是一种行动。有了请进来、走出去的理念和意识，就要付诸实际行动。

采取主动的形式、主动的姿态、多样的方式和多种手段与校外企业进行融合。万事开头难，高等职业院校在融合的过程中起步时肯定会面临诸多困难，这些困难有政策和途径上的，也有意识和方法上的。但是高等职业院校不能因此就徘徊不前，要大胆地实践，勇于迈出融合发展的步伐。

第三、融合是要达到的一种目标状态。职业教育一直在倡导"校企合作""产学一体"，其实都是在表达一种学校与企业结合的观念。融合发展理念比"结合"范围更宽、程度更深，更加不可分割。因为融合不仅仅只是在人才培养、专业建设等方面的融合，还涵盖了高等职业院校发展过程中的各个方面，所要需要达到的是一种水乳交融、你中有我、我中有你的更深刻的结合状态。

第四、融合是一种联动和互动的过程。经济的转变、科学技术的更新，将会影响企业技术和生产方式的转变，而企业的转变必将对人才需求产生影响，最终影响学校人才培养方式的转变，这一系列的影响过程形成一种联动的过程。反过来，学校的人才培养方式也会对企业的生产和经济的发展产生影响。这是一个互动过程，高等职业院校与企业、经济的融合正是这种互动过程的体现。

第五、融合还是一种工作方式和工作能力的体现。在高等职业学校的发展过程中，要求学校不断提高自身的能力水平，学会发现融合的机会，找到融合的切入点与突破口，还要有较强的交际公关能力和执行能力。这些能力是融合发展的必要条件，也是融合过程中学校的收获所在。

二、高等职业学校需走融合发展的道路

（一）高等职业学校走产教融合之路是高职学校人才培养特点的要求

高等职业学校培养的学生直接服务于区域经济和各类企业，相比普通高等学校的学生，高职学生具有"技能型、实用型、上手快、能力强"的特点。如何才能培养出满足区域经济和各类企业要求的学生呢？"春江水暖鸭先知"，企业是最先感受社会经济和科技发展的主体，高等职业学校要主动与企业融合，感悟经济发展的脉搏，感悟科技发展的最新动态。感知到企业对学生的最新需求之后，高等职业学校才能更及时地转变培养方案、教学内容和教学方法。通过到企业调研，可以帮助学校更及时地了解企业一线的需要，为培养"技能型、实用型、上手快、能力强"的人才提供非常好的参照作用。

（二）产教融合是高等职业学校生存发展的必然要求

立足区域，服务地方经济是高等职业学校赖以生存的根本。没有与地方经济密切结合的根基，高等职业学校就很难生存和发展。因此，为了主动适应区域经济发展的需要和高等职业教育改革发展的新形势，学校要坚持产教融合发展的办学理念，也就

是与企业融合、与开发区融合，推进办学机制、育人机制、社会服务机制的改革创新。与企业进行对接，深入一线实践中，切实了解企业的情况与需求。教师要下企业进行锻炼，同时学校也要请一线的技术能手在学校担任兼职教师。"树大根深"，只有根深才能树大，深深扎根于区域经济，才能让学校奠定良好的生存和发展的基础。

（三）产教融合发展可以提高高等职业学校的生存适应能力

高等职业院校都处在一定的区域环境之中。正如达尔文的进化论所揭示的生物适者生存的原理一样，"适者生，不适者亡，用者生，不用者亡"，学校要想长久的生存发展就要能够及时地调整自己，主动地适应环境。高等职业学校的发展需要大量的资源，而这些资源来自政府、行业、企业、市场和社会，高等职业学校需要与它们融合才能知道哪里有资源，也才能从中获得资源。为主动适应区域经济发展的需要和高等职业教育改革发展的新形势，要定位思想，坚持产教融合发展的办学理念，也就是与企业融合。只有提高适应性和竞争力，融合才能提高，才能参与分配社会资源。

三、高等职业学校在产教融合中要注意的问题

高等职业学校走产教融合发展之路，就要采取切实的行动。具体要注意以下问题：

（一）要转变作风和方法

作风是一种水平、一种风貌、一种胸怀，作为高等职业学校，从领导到普通的教职工都要从思想上、作风上进行转变，要有谦虚的态度，能够"知己之不足，知时代之变化，知世界之深奥"，主动走出去，逐渐培养与外界融合的能力与信心。转变工作思维方法，从实际情况出发，主动地适应环境，转变以往"重理念，轻实践"的作风与方法。

（二）要有良好的心态和思想境界

高等职业院校在产教融合中必然会遇到一定的困难与挫折，也可能遭到冷遇，得不到认可。因此，必须要有良好的心态，在融合的过程中锻炼自己，提高自己的思想境界，以较强的事业心和责任感去对待工作，宽以待人，胸怀高远。

（三）要有实务严谨、雷厉风行的工作作风

目前，经济的发展、科技的进步瞬息万变，稍加放松就会失去紧跟时代的发展机遇。高等职业院校同样如此，如果工作作风不够严谨务实，不够迅速，就很有可能被时代所淘汰。因此来说，产教融合之路任重而道远，时间非常紧迫，高职院校要有实务严谨、雷厉风行的作风，要主动抓住机遇，加快发展壮大的步伐。

（四）要进一步完善机制和体制

高等职业学校要积极地完善机制，转变体制，采取切实有效的手段适应社会和区

域经济。例如建立"政、校、企、行"的合作理事会，加强政府、学校、企业、行业的四方联动，建立学校与开发区的联合发展战略关系，建立与世界知名企业的合作培养机制等一系列适应学校融合发展的工作机制。要通过各种途径积极争取政府帮助，在政策上、资源上得到一定的支持。

（五）要找准融合的切入点

高等职业院校要全方位地开展融合，从多个领域进行融合，以多种形式促融合，用多种手段抓融合。在与企业的融合中，既可以开展顶岗实习，也可以进行企业实训、订单培养、合作办学，还可以表现出多种形态，如：搞"校中厂"、"厂中校"，既可以是短期的合作，也可以是长期的战略共赢。要全方位、全空间、多领域地与开发区合作，进而与首都经济、京津冀、环渤海地区的经济进行融合。

（六）高等职业学校要全员参与到融合中来

高等职业学校从领导到普通教职工都要树立忧患意识，思考学校发展的问题。"全员行动，从我做起，主动出击，常抓不懈"，要让融合的理念深入人心，并且落实到行动中来，要让融合的理念体现在学校的每一项工作中。从教学、科研、实践到行政工作、学生管理、后勤保障，每一个环节都体现融合发展的理念。人人谈融合、人人想融合、人人做融合，只有这样学校才能真正走上一条融合中的发展之路。

第二节　产教融合的基本内涵

产教融合是当今开展高职教育的重要指导思想，是顺应社会发展与产业结构革新的必然发展方向。

2014 年 8 月国务院颁布的《国务院关于加快发展现代职业教育的决定》(国发〔2014〕19 号)指出，到 2020 年，要形成产教融合，适应发展需求发展代职业教育体系。随着高职教育改革的纵向深入，在"产教融合"的重要指导思想下，高职院校肩负着传承技能、培养人才、促进创新的重要使命。这要求高职院校在人才培养模式中进行创新改革，为行业企业提供能够满足发展需求的技术技能人才。

一、研究现状综述

"产教融合"一词，最早见于 2007 年《中国职业技术教育》杂志上刊发的，由施也频、陈斌撰写的《产教融合，特色办学》一文。该文讨论的问题，基本上是校企合作问题。从学术角度上看，产教融合的产生，具有先天不足的特点，一开始就将产教融合与校企合作混为一谈。许多人谈产教融合时，实际上谈的是校企合作，在促进产教融合时，促进的对象也是校企合作。事实上，产教融合与校企合作有相近的功能，如果职业教育校企合作能够顺利实施，对产教融合的期待也许就没有这么迫切。例如：德国从制度上保障校企合作能够落实，职业教育实行的是"双元制"，并不是产教融合制度。同时产业融合快速发展，激发了职业教育工作者的热情和想象力。10 余年来，职业教育领域的决策者、实践者和研究者都对其进行了探索，发表论文 1900 余篇。从研究过程看，2007—2013 年处于研究的沉寂期，7 年仅发表论文 10 篇。2014—2016 年进入活跃期，3 年发表论文 630 篇。2017 年开始进入繁荣期，短短两年时间发表论文 1279 篇。在这些论文中，从政策和经验的角度对产教融合的研究和论述较多，而从学术性角度展开的研究相对稀缺。目前关于产教融合的相关研究如下：

（一）基本概念研究现状

研究者大都把"产教融合"与"校企合作""产教结合"等相近的表述做比较研究。例如：管丹（2016）把"产教融合"与"校企合作"概念做了比较分析，认为这两个概念都契合职业教育的跨界特征，但在内涵上完全不同。王丹中（2014）把"产教融合"与近 20 年来我国职业教育界使用过的相关表述做了比较，指出变化主要体现在两个方面：一是从校企、产学到产教的变化；二是从结合、合作到融合的变化。他认为这些表述上的频繁变化，既反映了人们认知上的与时俱进，也反映了职业教育理论研究的不成熟。从研究内容中看，什么是产教融合，至今还没有权威的解释，也没有人给出明确的、公认的定义。研究者对"产教融合"具体内涵的阐释是不尽相同的。一部分研究者认为产教融合就是校企合作的"升级版"，譬如，陈友年、周常青和吴祝平（2014）认为，产教融合就是职业教育与产业的深度合作，职业院校与行业企业开展深度合作的目的是提高人才培养质量。吴祝平（2015）指出，产教融合是在校企合作探索基础上的进一步发展，它要求政府、行业、企业承担更大的责任，同时也赋予了行业、企业更大的教育权利，对高职院校提出了更高层次的要求。

另有一些研究者则站在更高的层面上阐释了"产教融合"的内涵。曹丹（2015）从词源学视角对"产教融合"做了分析，认为"产教融合"这个术语的本质是生产与教育培训的一体化，在生产实境中教学、在教学中生产，生产与教学密不可分、水乳交融，具体表现是行业企业与高职院校为了各自的发展需要合为一体。王丹中（2014）则从当前的时代发展特征出发，进一步指出，融合是当前的时代特征，融合发展是科学发展的主要特征之一，产教融合传达出了一些新的理念和导向，反映了我国当前产业转型升级和高职教育内涵发展进程中，"产业"与"教育"水乳交融、互为因果的逻辑必然。在合作水平上，产教融合不仅是学校与企业合作培养技术技能人才，还延伸到整个产业价值链，是所有元素高度互补的资源整合和一体化合作，是基于共同利益的共同发展。产教融合的概念内涵，要从职业教育的特征、职能和当前经济社会发展背景三个维度着手去准确把握，而不可"瞎子摸象"各执一端。相比于普通教育，职业教育兼具教育属性和经济属性，也同样肩负着人才培养、技术研发、社会服务和文化传承等职能。在当前经济"新常态"的背景下，职业教育要"坚持产教融合发展，推动职业教育融入经济社会发展和改革开放的全过程"（《现代职业教育体系建设规划（2014—2020）》），更加突出它的经济属性，为经济社会发展提供更强有力的技术技能人才支撑、技术支持等多元化服务。因此，产教融合不是仅仅为了提高人才培养质量，不是校企合作的简单升级，而是拓展职业教育社会服务职能的现实路径，是职业教育的基本特征，是职业院校发展的基本原则。要基于上述的定位，进一步凝练形成"产教融合"的基本定义。

（二）产教融合的利益相关者研究现状

产教融合涉及的利益相关者主体是政府、行业、企业、学校四方。这四方主体的角色定位是否准确、职责界定是否清晰及作用发挥是否充分，是决定产教融合成败的关键。龙德毅（2015）从角色职责角度出发，认为行业是职业教育教学标准的制定者，职业院校是教育教学标准的实施者，政府是标准制定与实施的监督者，这种角色定位应该作为现代职业教育产教融合、校企合作的基本制度之一。

杨善江（2014）基于"三重螺旋"理论框架，探讨了政府、企业和院校三者的角色及相互关系。他指出：在三重螺旋模型中，高职院校主要负责知识传播、知识转移和知识创新，培养高素质人才；企业主要开展科技创新和传播，致力于技术成果的应用和转移；政府不断制定和完善法律法规，提供相关政策保障，不断规范各方的合作行为，大力推进产教融合、校企合作。在相互关系中，三者并不是三条平行线，也不是简单的两两交叉，而是三者交织融合在一起，相互作用，呈螺旋缠绕状态，形成持续紧密的合作伙伴关系。马宏斌（2015）以三螺旋理论为分析工具，以河南省为例，构建了"政府政策推动高等职业教育产教融合、高等职业教育主动融入市场对接产业、企业主动与高职院校合作融合"三螺旋模型，为河南省经济发展提供了内生动力。

产教融合中的政、行、企、校四方角色，在定位上是清晰的，职责界定是明确的。但在实际工作中，如何通过搭建平台载体，使各方主体彼此交融、互为作用，形成紧密的合作关系，如何通过建立有效的调节机制，使各方主体积极主动地履行职责并发挥作用，切实推进产教融合，还需要在实践中开展创新探索，寻求破解之道。

（三）高职院校产教融合机制研究现状

学术界关于高职院校产教结合、产教融合的机制研究，代表性的观点主要集中在模式、策略等方面。在模式上，认为可以促进产教融合。产教融合机制的有以下几种：即基于产业园的产教融合模式、校企共建技术研究中心模式、校企共建二级学院模式、集团公司主导下的双师团队共建模式、校企共建学生工作室模式等。从产教融合的阶段角度，兰小云提出了"初级阶段'院校主体，政府主导'、中级阶段'双方主体，利益主导'、高级阶段'融为一体，价值观主导'"的产教融合机制变化模型，并且指出随着经济增长方式的转变、产教融合的不断推进，对合作育人的认识趋同，校企双方将融为一体，形成由价值观主导的产教融合机制，这将是产教融合的最高境界。在策略层面，耿洁提出寻找职业学校与企业关系的联结点，即人力资本；罗汝珍提出应构建具有技术研究、技术培训、技术推广和技术服务等多项功能的合作平台；蒋亚琴提出应创新课程、教学体系，打造师资队伍等融合；宋超先等人提出产教融合机制构建需坚持四项原则，即"双师型"教师或企业派人参与日常管理、制定并遵守仿照企业管理的一整套运行制度、开展"产学研"和对外服务培训、学校和外部环境的大力扶持；韦佳认为，产学合作长效机制应涵盖利益机制、激励机制、约束机制、情感机制、宏观教育机制、灵活运行机制、综合评价机制、政府激励机制、互惠互利的动力机制等；周劲松等人从产教结合的主体机制创新上，提出职业院校"伺服型"市场响应机制、共生发展的利益分享机制、合作培育机制和企业化管理模式的建立和企业长期发展机制、资源储备与积累机制、自我约束机制的建立；刘建湘等人从政府的视角，提出政府应宏观调控，构建区域资源融合平台，完善健全产教融合机制。

在方法上，浙江工贸职院通过实践，探索并且提出了政府主导的"向度"、高职教育的"高度"、协同育人的"深度"、社会服务的"宽度"的架构和方法，尝试从政府、企业和高职院校参与合作的作用和相互关系出发，进行高职教育产教结合外部保障机制和内部合作机制的构建，以促进高职教育产教结合的有效发展。所有的这些研究，为产教融合机制的构建提供了很好的研究和实践基础，基本涉及产教融合、产教融合应涉及的范畴，但并没有解决新时代产教融合的切入点及融合体的具体功能和运行的机制问题，无法形成比较理想的系统化指导思路。高职院校产教融合机制应建立在充分理解高职院校和产业特征的基础上，通过建立相应的合作关系、合作平台和工作制度，整合和配置相关资源，满足各方主体的利益需求，以推进产教融合的实现。

综上所述，在学术界，"产教融合、校企合作"虽已成为老生常谈的热门研究主题，但产教融合的机制创新却是在不同时期有着不同的内涵和特征。与此同时，纵观产教融合的研究成果，有关其内涵、特征、院校实践经验等相关研究较多，对于新时期高职院校产教融合的宏观、中观、微观层面的机制创新很少有系统化研究。

二、产教融合内涵

（一）产教融合

1. 产与教

"产"，即产业；"教"即教育，可特指职业教育。产教融合是基于产、教不同的两个国民经济部门而提出的。产业是在社会专业分工基础上形成的相对独立、相对稳定的行业或国民经济部门。产业有广义内涵和狭义内涵之分：从广义上讲，产业泛指一切提供劳务活动和从事生产物质产品的集合体，即从生产、服务、流通至教育、文化的国民经济的各行各业，小至行业，大到部门，都称为产业；从狭义上讲，产业是指生产物质产品的集合体，即工业部门。产业在世界银行等国际经济组织、国家宏观管理中被提到的往往是其广义内涵。在我国国家统计局印发的《三次产业划分规定》中，教育被列入其中。从这个意义上讲，教育（含职业教育）作为国民经济的一个部门，也是一个产业。产教关系，实质上是除教育之外的其他产业与职业教育之间的关系。"产教融合"中的"产业"实质上是专指除教育之外的其他产业部门。从社会再生产的角度来看，由于社会分工，教育成了一个独立部门。同时教育还是一个独立的经济部门，是从物质资料的再生产中独立出来的部门，这是生产力水平发展到一定阶段后的产物。教育与产业具有不同的社会功能：产业的功能是创造社会物质和文化财富，以满足人民不断增长的物质和文化需求；教育的功能是为产业在生产要素方面提供人力资源，即企业是社会再生产中的主体，教育应为企业需求服务。职业教育作为教育的一种类型，肩负着为企业培养生产、建设、管理及服务的一线技术技能型人才的重担。职业教育与产业分别是社会再生产链中的一个部门，各自发挥着不同的功能，承担着不同的社会责任，同时又相辅相成、协同合作，并且与其他部门一起共同推进社会再生产的协调有序发展。

2. 产教融合的内涵及现状

产教融合是指教育系统与产业系统的有机结合，具有互利互惠、持续创新、促进就业的特点。随着中国全面建成小康社会的历史进程，工业化、信息化、城镇化正在逐步推进，产业结构的调整与生式的转变必然推动人才需求的转型。由于产业整体由劳动密集型向技术密集型、资本密集型转变，这就要求学校培养出具有应用技能、创新能力并与企业零对接的复合型人才。中国高等教育大众化后虽然使高学历人才激增，但对高职院校的人才培养模式改革带来了新的挑战。面对产业结构的剧烈变化，高职院校应重视社会需求，融入改革变化，顺应市场对复合型人才的需求，从而调节自身的人才培养模式。自产教融合指导思想提出以来，国内高职院校始终进行积极的探索，但仍然存在一些问题：学校与企业之间的合作层次较浅，无法建立深度、有效、长期的合作机制；缺乏宏观层面的调动，目前我国尚未出台倡导产教融合相匹配的政策及法规，高职院校对产教融合的理解不够深刻，仅将其视作解决学生就业的途径等。

3. "产教融合"与"产业融合"

职业教育与产业属于不同的国民经济部门，具有不同的性质，这决定了它们的行为方式有所不同。根据公共经济学理论，职业教育属于准公共产品，具有较强的社会外部性，同时具有公益性，即职业教育不以营利为目标，旨在满足社会大众的需要。

不同于教育产业，其他产业提供的是私人属性的物品，其生存发展的首要和必要条件是营利。由于职业教育与其他产业具有不同的性质及行为目标与方式，这决定了"产教融合"与"产业融合"的性质不一样。

"产教融合"，即产业与教育（本书特指高职教育）融为一体，其基本标志是产生新的产教融合体。高新技术及其相关产业，如：数字技术、物联网、人工智能等渗透至职业教育和培训领域，形成新的产教融合体，如：E2E（Educator to Educatee）教育平台和在线教育（e-Learning）。"产业融合"是不同的概念，欧盟对"产业融合"的定义是"产业联盟和合并、技术网络平台和市场等三个角度的融合"。譬如智能手机就是产业融合的产品，它将通信、物流、金融、文化等多个产业融合为一体。

4. "产教融合"与"产教结合"

产教融合的中心词是"融合"，因而有利于区别"产教融合"与"产教结合"，两者的内涵有很大不同。在中文语境中"结合"与"融合"是两个不同含义的词语，"结合"是指事物或人之间发生的密切联系，"融合"是指两种及以上的不同事物合为一体。《华阳国志·汉中志》中记载涪县"屠水出屠山，其源出金银矿，洗取，火融合之为金银"。也即，融合是指像熔化一样融为一体，即多种不同的事物融成一体。融合的结果是形成了新的增长点或新的融合体。X 与 Y "融合"之后，既不会是最初的 X，也不会是最初的 Y，而是产生了新的 Z。

"结合"与"融合"两个概念的不同含义，还体现在事物联系的深度上："结合"是指相关的事物或人之间松散地联系在一起，并不一定会引起"质变"和"增量"，最多发生"量变"，这种"量变"可以因为一些共同的利益而存在一定的联系，也会因为外界环境的变化或共同利益的消失而随时中断或疏远；"融合"是指相关的事物或人之间发生"质变"，形成新的融合体，这种新的融合体在内容和形式上大多有异于原事物，能发生质变而提升。

不过，两者之间又有共通性。不管环境如何变化，新的融合体都会与原事物之间产生千丝万缕的联系，都承担相应的责任。任何形式的"融合"，都是以"结合"为前提的，只有建立在良好"结合"的基础上，才能最终达到"融合"的效果。可以这样说，"结合"是"融合"的基础，"融合"是结合的深化。

（二）高职院校产教融合机制

1. 机制

（1）基本含义

《现代汉语词典》对"机制"的内涵解释如下：①机器的构造和工作原理，如：计算机的机制。②有机体的构造、功能和相互关系，如：动脉硬化的机制。③指某些自然现象的物理、化学规律，诸如优选法中优化对象的机制，也叫机理。④泛指一个工作系统的组织或部分之间相互作用的过程和方式，如：市场机制、用人机制、竞争机制等。机制最早源于希腊文的 mechanik（机械）一词，原指机器的构造和动作原理。在古代以及中世纪，"机制"大多出现在自然科学及技术领域，主要是指机械构造及运动原理和过程。后来在自然科学领域，"机制"表示诱因，尤其是针对无法完全用数学原理来解释的自然科学分支，譬如化学、生物等，多应用"机制"作为类比。医学与生物学在研究肌肉收缩或光合作用等生物功能时，也常常采用"机制"一词，这里"机制"是指其内在工作方式，即相关生物结构组成部分之间的相互关系，以及其间发生各种变化过程的化学、物理性质及其相互关系。17 世纪以后，"机制"又应用于自然哲学等领域，其含义不再特指机械过程，逐渐延伸至全部被自然科学所描述的过程。在目前，"机制"一词已在管理学、经济学、教育学等多学科领域中被广泛应用。

机制通常由三个主要部分组成：一是机构或组织系统；二是系统运行的规则；三是系统组成要素实现规则的工作方式。机制的定义应包含以下四个要素：①事物变化的内在规律及其原因；②外部因素的作用方式；③外部因素对事物变化的影响；④事物变化的表现形态。因此，机制就是一个系统的组织或部分之间，根据特定的运行和协调规则相互作用的过程和方式，也即作用机理与耦合关系。

（2）比较分析

为进一步明确"机制"，有必要区分容易与之混淆的两个概念——制度和体制。

从狭义上讲，制度就是一个系统或单位制定的要求下属全体成员共同遵守的办事规程或行动准则，如：财务制度、工作制度、教学制度、作息制度等。制度经济学家诺思认为制度是一系列被制定出来的规则、守法程序和行为的道德伦理规范，它旨在约束追求主体福利或效用最大化利益的个人行为。经济学家盛洪对"制度"的定义是：多人社会中促成合作的行为规范或游戏规则。从广义上讲，制度指在一定条件下形成的政治、经济、文化等方面的体系，如：政治制度、经济制度、文化制度、社会主义制度、共产主义制度、资本主义制度等。制度是由各种行政强制力量构建并且保障贯彻实施的行为规范，是具体的、静态的。

机制和制度之间既有区别又有联系，机制是一种相互联系和作用的有机体组合，是抽象的、动态的。两者之间最主要的区别如下：制度是强制性的，机制不具有强制性，制度主要依靠行政力量贯彻执行，而机制在实践中具有"自然性"特征。两者之间的联系如下："机制"源于"制度"。机制的形成需要一系列制度的相互关联及综合执行。反过来，每一种制度的效能都要靠机制才得以实现。只有当制度建设形成了机制，即人们能自发积极地趋同于实现制度目标时，制度才算是真正有效地建立。

体制一词具有典型的中国特色，在我国通常是指体制制度。体制是国家机关、企业事业单位等在领导隶属关系、机构设置和管理权限划分等方面的制度、体系、形式、方法等的总称，譬如政治体制、文化体制、经济体制等。①体制与制度的关系：体制是制度形之于外的具体表现和实施形式，是一种以权力配置为中心的管理政治、经济、文化等社会生活各个方面事务的各种相关设施与规范所构成的制度体系，它决定各个主体之间的相互关系，规定系统中各个运行主体的地位、责任和权利。②体制与机制的关系：两者关系密切，体制是机制存在和发挥作用的必要前提，任何一种机制必然存在于一定的体制框架内。反过来说，体制只有依赖与之相适应的机制才能实现。

2. 高职院校产教融合机制

高职院校产教融合是高职教育的利益相关者实现高度互补、资源整合从而全员全过程参与技术技能人才培养的活动。高职院校产教融合不仅仅是学校与企业合作培养技术技能人才，还延伸到整个产业价值链，是所有元素一体化的合作，是利益相关者基于共同利益的共同发展。纵观高职院校产教融合的发展变化过程，目前主要有三种演进方式：

一是渗透融合。渗透融合是指高新技术及其相关产业，如：物联网、数字技术、人工智能等向高职教育和培训领域渗透，形成新的高职教育与产业的融合体。如：在线教育（e-Learning）和 E2E（ Educator to Educatee ）网络教育平台。在线教育是以网络为介质的教育形式，通过网络、学习者与教师开展教学活动。网络教育平台，通过互联网技术进行渗透，建立开放整合的商务模式，为教师、学习者和产业界的教育内容供应商提供简单、实用的创新性智能式教育软件产品。我国大约有 2.6 亿名学生和 2000 万名教师，基于开放式教育平台进行学习。

二是延伸融合。延伸融合是指通过产业与高职教育之间的互补和延伸，实现产教之间的融合。例如：中山职业技术学院的五个专业，通过延伸与中山市五个专业镇进行产教融合，形成了红木家具、服装、电梯、灯具等产教融合型学院，实现了学院与当地产业的部分融合。

三是重组融合。重组融合是指产业和教育原本各自独立的产品或服务，在同一标准或集合下，通过重组完全结为一体的整合过程。例如：法国的"个人职业培训账户"，持卡人自主整合职业教育和培训资源，将产教融为一体。

高职院校产教融合机制则是指高职教育的利益相关者在产教融合过程中根据特定的运行和协调规则，相互作用的过程和方式。

借鉴学术专家的研究经验，笔者谈谈对高职院校产教融合机制的认识。

从产教融合的角度分析，高职院校产教融合的内涵丰富，外延广阔。从广义上说，涉及教育、产业、经济、文化等社会生产生活的方方面面，因而对产教融合机制要分层次来看，可分成宏观、中观、微观三个层面：①从宏观上来看，高职院校产教融合是指国家层面的教育和产业的总体融合，这是指国家总体制度、体制层面的顶层设计，是对政府、行业、学校、企业等利益相关者如何投入高职教育的总体布局以及高职教育办学体系和办学制度的宏观调控；②从中观上来看，高职院校产教融合是指区域层面的高职院校布局与区域经济社会发展的适应性，主要是指高职专业与区域产业的协同度和匹配度；③从微观上来看，高职院校产教融合是指院校层面的人才培养模式和教学组织形式的设计需要利益相关者的参与，利益相关者应参与人才培养和教学组织的全过程。从这个意义上说，高职院校产教融合机制也应该从宏观、中观、微观三个层面来构建。从宏观上来说，应构建"政府推动、行业指导、学校和企业双主体"的产教融合国家制度和体制机制；从中观上来说，应构建高职专业与区域产业的协同发展机制；从微观上来说，应构建校企融合的人才培养模式与工学融合的教学组织形式。

从机制的角度分析，高职院校产教融合机制可分为动力机制、运行机制、评价机制等。

三、我国产教融合发展背景

人工智能时代的到来，对国内外经济、教育等领域均产生了颠覆式的影响。在此背景下，产教融合的模式发展不断推陈出新，是我国职业教育发展、应用型人才培养的必由之路，是我国壮大高职教育、培养应用型人才、调整人才结构的一次契机。

回顾中华人民共和国成立以来产教融合的发展历史，经历了从产教一体、产教分离的简单形式，到产教结合、校企合作，再到现在的产教融合。这期间，通过不断探索高等教育与产业角色与功能的过程中，产教关系也由一元主导变为双主体互动，最后演变为多元协商治理。

（一）人口红利逐年递减

当前我国人口发展处于重大转折期，人口红利效应该不断减少，随着年龄结构的变化，2012年至今，我国已经连续多年出现劳动年龄人口下降，2019年与2012年相比已经下降了2600多万人。受到劳动年龄人口持续减少的影响，至2018年年末，我国的就业人数首次出现下降，而接下来几年很可能继续下降。与此同时，我国生育率持续走低，"少子化"趋势渐显。

（二）人才需求转变

同时，随着AI时代及互联网技术大爆炸的到来，企业对于人才的需求也在发生转变，从业者的创新能力、融会变通能力越来越受重视。只具备单一专业知识的求职者很难在激烈的劳动力人才市场找到合适的岗位。未来能够参与社会生产、升级、转型的职场人数量将减少，而企业对人才的要求将升级。因此，创新高职教育发展模式，持续深化产教融合，培养应用型人才成为当务之急。

（三）时代的呼唤

当前，随着经济由高速增长向高质量发展转变，以及国家各项产教融合、校企合作政策文件的出台，我国的高职产教融合迈入历史新纪元，产教融合模式的更新速度日益加快。产教融合需要对新的阶段性命题提出合理的理论框架与指导策略，需要对新时代产业、行业人才需求做出回应，需要积极响应国家战略性科技、工业方针。产教融合作为应用型人才培养的重要手段，已经成为各地各高职院校的重点工作之一。

第三节　高职教育的基本理论

一、高职院校

高职院校的全称为"高等职业院校"，其以培养高素质技术技能人才为目标。高职院校是进行职业技术教育的高等阶段，既不同于中等职业技术学校，又不同于普通高等教育院校（包括普通的多科性学院和综合性大学）。

（一）高职院校在高等职业教育中起着奠基石的作用

从体系内的层次关系上来看，高职院校是高职教育的奠基石。高职院校对接中职教育的顶点，处于高职教育的起点。高职院校是初中、高中毕业生及中等职业学校学生继续学习从而接受高职教育的主要途径。《国务院关于印发国家职业教育改革实施方案的通知》（国发〔2019〕4号）指出："职业教育与普通教育是两种不同教育类型，具有同等重要的地位。"职业教育作为一种教育类型，由中等职业教育（以下简称中职教育）和高职教育构成。高职教育又包括专科层次的高职院校、应用型本科、专业研究生教育等层次。目前随着应用型本科建设工作的推进，职业教育体系日趋完善，高职院校也不再是高职教育的终点，而是作为起点，去连接应用型本科及专业学位研究生教育，因而高职院校是高职教育的重要奠基石，为高职教育打下了牢固的根基。

（二）高职院校在整个教育系统中起着承上启下的作用

从整个教育系统的宏观视角来看，高职院校起着承上启下的作用。目前，高职院校是大多数初中、高中毕业生及中职学生进入高职教育体系中的主要途径。同时，教育部等六部门印发的《现代职业教育体系建设规划（2014—2020年）》（教发〔2014〕6号）明确提出了针对健康服务、学前教育等特殊专业领域颁布五年制高职目录，完善五年制高职教育，这使得高职院校进一步与初中完成对接，成为基础教育与高职教育之间的重要纽带。《现代职业教育体系建设规划（2014—2020年）》反复强调中高职衔接和协调发展，目的就是要求高职院校发挥其在职业教育体系中特殊的地位，不仅仅要将自身做强，更要起到承上启下的作用。

二、高等职业教育的含义

高等职业教育，简称"高职教育"，是国家高等教育的重要组成部分，也是职业教育的高等阶段。主要培养具有一定理论知识和较强实践能力，面向基层、面向生产、面向服务和管理第一线职业岗位的实用型、技能型专门人才。高职教育的关键词为"高等教育"、"职业教育"、"一定理论知识"、"较强实践能力"、"第一线职业岗位"、"实用型人才"、"技能型人才"。理清高职教育的含义，对于实际教学工作有着非常重要的指导意义。

三、高职教育理论课教学的重要性

首先，作为高职教育工作者，理清高职教育的含义有助于我们对理论教学和实践教学（教学形式）进行适度取舍。高职教育在职业教育思路上的优势突出，它为我国培养了大批技术人才。但长期以来，我国高职教育一贯沿袭重实践、轻理论的教育思路，没能重视"高职教育是高等教育的重要组成部分"，使它与职业高中、中专技校或技能培训机构类同，缺乏社会认知、丧失就业优势、降低教学水准。这就致使我们对高职教育普遍存有错误的因果观念——因生源层次"差"而教学水准"低"，因教学水准"低"而缺乏社会认知。所以在高职教育中，职业技能培养不是教育精神的枷锁，而是教学环节的重点之一，但它不是全部。高职教育需要理论授课的充实与引导，需要"高等教育"理念的渗透与参与。

其次，理清高职教育的含义，才能在授课中兼顾理论教学和实践教学。"一定理论知识""高职教育是高等教育的重要组成部分"，在这两个关键点中蕴藏着：理论课程教学必须渗透到高职教育中，参与渗透数量方面的适度够用原则，理论知识对实践的实际指导意义等等。所以通过理论教学和实践教学的相互促进教育模式，可以理清高等职业教育与普通高等教育、其他职业教育的区分，促成高职教育办学特色鲜明化，提升高职教育教学水平与层次，扩大就业和社会影响。

四、我国高等职业教育发展历程

（一）探索起步阶段

改革开放以来，各地经济快速发展，急需应用型的高技术人才，国家教委于1980年批准成立了13所职业大学，标志着我国高等职业教育发展的开端。自1985年颁布《中共中央关于教育体制改革的决定》后，教育部先后批准了92所职业大学成立，这批职业大学主要集中在省会城市和经济发达城市，与此同时还在原国家重点中专基础上发展了一批专科学校来发展高等职业教育。职业大学快速发展，是职业教育结构调整的一件大事，对职业教育的长远发展具有深刻的影响。

（二）稳步发展阶段

《中共中央关于教育体制改革的决定》提出用五年左右时间，逐步建立起一个从初级到高级行业配套，结构合理又能与普通教育相互沟通的职业教育体系，为建设一支高素质的劳动技术大军打下了基础。随后颁布的一系列法规，如:《教师法》《劳动法》、《职业教育法》，使我国职业教育发展进入了更规范的发展阶段，特别是《职业教育法》的颁布，对职业教育各方面的职责以法律形式做了明确规定，标志着职业教育事业走上依法治教的新时期。1996 年，国家教委根据当时的实际情况提出"三改一补"的方针来发展高等职业教育，并且要求高职教育主动适应社会发展与科技进步的需要，培养生产、服务一线需要的高级技能型人才。

（三）快速发展阶段

1998 年，新组建的国家教育部高度重视高等职业教育发展，提出"三多一改"发展高职的方针。所谓"三多一改"，就是多渠道、多规格、多模式发展高职，重点是教学改革，真正办出高职特色。高职教育随即进入快速发展时期，掀起了高职教育的热潮。尤其是在国家的宏观调控下，高等教育扩招以高职为主，使高职教育在短期内与普通本科招生平分秋色，甚至大有超越发展的趋势。目前，高等职业教育经历了探索起步、稳步发展、快速发展三个阶段之后，已经占领了全国普通高校的半壁江山。

五、我国高等职业教育发展过程中存在的问题

（一）理念不新

教育理念是教育质量的根本，很多高职院校在专业培养计划中沿用本科体系，仍然将传授理论作为核心，而能力培养落实不到位，导致"本科压缩"的影子挥之不去。在课程设置上，强调课程本身的系统性和权威性，而忽视学习者未来工作岗位的需求，并对高职教育所界定的理论上"必须、够用"的原则理解不到位。教育理念陈旧导致高职教育创新性不够，改革力度较弱。

（二）起点不高

高职教育起点包括两方面：一是学生起点不高。在当前职业教育受鄙视的情况下，高职的生源比较差，往往是高考生的备选，同时高职扩招也加剧了这种趋势，很多高职生对于学习几乎没有多大兴趣，更不要说良好的学习习惯。二是学校起点不高。我国 1996 年召开了全国职业教育工作会议，并提出"三改一补"设置职业技术学院的方针：职业大学坚持高职方向，办出高职特色；高等专科学校改为高职，不需要报

批；经国家教委审批独立设置的成人高校要改革办学模式，并调整专业方向，改为高职；若仍不能满足需要，经国家教委批准可在国家级重点中等学校里办高职班作为补充。"三改"的三类学校，在我国高教系统中属于较为薄弱的环节，并且在近 20 年高速扩展过程中发现了许多的老问题，如：科类结构不合理、高职特色和专科特色不突出、办学条件差等问题，目前仍然没得到很好的解决。把这三类学校作为发展高职的主渠道，注定了先天不足，办学条件和办学水平都相对较低，无论是实训场地还是双师型师资队伍都比较弱。

（三）实践性教学落实不到位

1998 年，国家教育部加强对高等职业教育的改革力度，并提出了发展高等职业教育的"三多一改"方针，给 20 个省市拨 11 万个招生指标用于发展高职，此后我国高职教育进入大发展时期。所谓"三多一改"方针，是多种渠道开办高职院校，多种规格包含专业宽窄、学制长短等；多模式是指发展职业教育既可以公办民助，也可以民办公助等。通过拓宽思路，高职教育获得了快速发展，但与高职教育的快速扩张相比，高职教育的质量仍然令人堪忧，其中一个很大的因素，就是实践性教学落实不到位。在高职快速扩张的过程中，教学管理完全是借鉴传统本科院校的模式来开展的，这就导致高职的人才培养模式和普通高校相比并没有实质性的区别；加上高职教育一直停留在专科层面，更多的是作为本科教育的一个补充，通过扩招来满足更多人接受高等教育的需求，实践性教学常常不能落到实处。造成这种困境的原因，客观上是由于实训基地建设跟不上，主观上是师资队伍不够完善、双师型教师严重匮乏。目前，高职教育已经意识到这些问题的严重性，正在逐步加以完善。

（四）投入不够

高等职业教育的资金投入严重不足，缺乏相应的制度保障，甚至高职教育被地方视为一种投资小、见效快的项目，这种错误的观念误导了高职的发展。事实上，由于高职强调实训基地建设等传统高校所不需投入的项目，高职教育的成本应该远远高于普通本科院校的水平。尽管很多高职院校成立之初，地方管理部门都承诺有足够数量的经费保障，但获批之后，这些资金的投入往往难以得到兑现。有些本科院校举办的高职也没有得到足够的重视，学校的主要精力还是放在原有的本科教育层面，同时经费不足也是实训基地不够完善的主要因素。政府对高职的投入远低于对本科的投入，从而使高职院校不得不提高收费标准，低投入、高收费已经成为制约高职教育发展的重要因素。特别是 1999 年高等教育扩招以来，高等职业教育在扩招中承担了增量部分的半壁江山，大量学生涌入高职院校后，高职院校并没有做好充分的准备，在投入有限的情况下，高职院校的教学设施很紧张，生均办学成本、生均实验设备总值等指标下降，影响了人才培养的质量。

六、加快发展我国高等职业教育的对策

（一）树立现代职业教育理念，鼓励学生完善职业规划

高职教育着眼于学生"学会做人、学会做事、学会思考、学会生活"，这就要求高职办学要树立现代职业教育理念，积极探索校企合作办学模式，努力推行学历证和职业资格证一起发展的双证书制度，不但要教会学生基本的职业技能，更要教会学生为人处世的道理，使学生获得更长远的发展潜力。完善职业规划，也是现代职教理念的一部分，做好高职学生的职业规划，有利于激发学生的学习兴趣。利用新生入学后进行专业教育的时机，由专业教师对行业的发展概况、市场对专业人才的需要现状、学生毕业的方向及学院的办学优势、办学特点和师资力量等情况进行详细介绍；在日常学习过程中，可邀请行业专业人士来校举办职业生涯讲座，让他们以自己的切身体会来谈论学生在校努力学习、练好基本功的重要性，让新生明白没有坚实的专业理论基础和技能是不能适应工作要求的；另外，还可以通过举办职业规划大赛等形式，让学生自主思考职业的未来，更好地把握在校的大好时光。

（二）加大经费投入

职业教育的直接受益者，除了受教育者本人和接受职业院校毕业生的企业外，社会是最大的受益者。职业教育提高劳动者的素质，推动地方经济发展，这正是政府所追求的目标和应履行的职责。因此，政府应当是职业教育的主要投资方，同时也要吸引社会资金投资职业教育，形成多方投资的局面，这是职业教育发展的必然趋势。政府有关部门要制定相关政策，确保充足的教育经费，在吸引社会投资职业教育的同时，要努力探索学校和企业深入合作的途径，通过走产、学、研结合的发展道路，在市场竞争中赢得更多的教育资源。

（三）重视双师型师资培养和引进

快速扩张的高职需要大量的人才充实到教师队伍中，目前我国高校教师招聘主要定位于学历要求，高学历已经成为高职院校引进人才的一个硬指标，在大城市没有博士学位已无法进入高等职业院校担任教师，这种师资引进途径过于单一，并且成为双师型人才缺乏的根本原因。目前主要有三个途径来完善师资队伍：引进新教师的时候，以实践经验为主、学历为辅；大力引进兼职教师，聘请行业精英来担任实践性教学工作，建立稳定的兼职教师队伍；对在职教师，要通过培训、进修、到企业挂职等多种方式提升实践性技能。这三个途径互相补充，必能尽快完善双师型师资队伍建设。

（四）树立以学生为本的教学观念

大力发展高职教育，就要树立以人为本的教育理念，从市场化的角度来看，学生

就是高职院校的客户，只有以客户为中心，才能真正提高教学质量，培养出优秀人才。传统的行政办学体制，恰恰违背了这一基本规律，用行政手段管理学生，培养出来的只能是缺乏独立思考精神的机器。坚持以学生为本，要求教师转变教学观念，以学生为主导，教师起引导作用，要启发学生思考，这就对教师提出了较高的要求。高职院校之间要打破人才壁垒，使优秀教师能够脱颖而出，及时清理不合格教师，确保教师进出渠道畅通。同时，要求学生管理工作更加柔性化，为学生建立沟通渠道，使学生的诉求及时得到反馈，努力改善学校管理效果。此外，要注重学生心理健康和创新精神的培养，利用高校学生社团开展丰富的学生活动，发挥学生的潜能，培养优秀的复合型人才。

第四节　学生发展的核心素养

自 20 世纪 90 年代经济合作与发展组织（经合组织 OECD）第一次提出"核心素养"这一概念以来，核心素养便成为世界各国发展教育的焦点。之后，联合国教科文组织（UNESCO）、欧盟 (EU)、美国等国际组织或国家纷纷建构核心素养框架，并陆续开始实践。我国核心素养框架于 2016 年颁布，但需要在实践中不断补充与完善。

一、学生核心素养的内涵分析

（一）国外相关研究对学生核心素养内涵的分析

国外研究中典型的核心素养框架有三个。一是经合组织制定的核心素养框架。经合组织在 2003 年发布的研究报告《未来成功人生和健全社会的核心素养》中将人的核心素养的内涵分为"人与工具"、"人与社会"、"人与自己"三大素养框架，每项核心素养又包括具体的下级指标和详细的描述。在该框架的指导下，PISA 测试在全球范围内推广，进而推动了其他国家核心素养框架的研究制定与快速发展；二是欧盟制定的核心素养框架。受经合组织"核心素养"发展的影响，欧盟在 2006 年确立使用母语、使用外语、数学素养与基本的科学技术素养、信息素养、学习能力、社会与公民素养、主动意识与创业精神、文化意识与表达等八项核心素养最终版本，并分别从知识、技能、态度三方面做了清晰界定，作为与终身学习教育理念并行的核心素养理念体系。该框架的制定，为欧盟国家教育实践指明了一条清晰、明确的道路；三是美国的核心素养框架。美国 2007 年颁布的"21 世纪学习框架"最新版本，确立了学习与创新技能，信息、媒体与技术技能，生活与职业技能三项技能领域，每项技能领域下包含 11 项具体素养要求。美国的"21 世纪学习框架"有助于美国的课程与教学改革，为美国各洲教育的发展提供了全国统一的课程标准，推动了美国教育的发展。

此外，联合国教科文组织一直致力于研究教育发展的核心素养指标，认为核心素养是使个人过上其想要的生活和确保社会良好运行所需的素养，并在2013年发布《全球学习领域框架》，将核心素养划分为七个一级指标，包括：身体健康、社会情绪、文化艺术、文字沟通、学习方法与认知、数字与数学、科学与技术，每个指标下都有详细的说明解释。其关于核心素养的分析与界定，在一定程度上推动了世界教育的发展。

（二）我国对学生核心素养的研究历程及内涵分析

当前，国外相关研究中所提出的核心素养框架已趋于完善，并且不断将核心素养的培育渗透教学实践中，我国的核心素养发展也紧随世界教育发展大潮流，从提出核心素养到逐渐完善其框架经历了一个从稚嫩到成熟的过程。在国外相关研究提出并完善核心素框架的过程中，我国学术界也对核心素养进行了解读与研究，最初主要集中于对国外的核心素养进行介绍与其对我国教育发展的启示，如：钟启泉、张娜、张华、林崇德等人的研究。我国首次以国家文件的形式提出"核心素养"是2014年颁布的《教育部关于全面深化课程改革，落实立德树人根本任务的意见》，该意见明确要求研究制定学生发展核心素养体系和学业质量标准，提升核心素养发展于国家教育发展的大战略上。此后，我国学生发展核心素养体系研究制定工作便如火如荼地开展起来。2016年年初颁布的《中国学生发展核心素养（征求意见稿）》，提出了中国学生发展核心素养，综合表现为九大素养，具体为社会责任、国家认同、国际理解、人文底蕴、科学精神、审美情趣、身心健康、学会学习、实践创新。同年《面向未来：21世纪核心素养教育的全球经验》报告指出，最受各经济体和国际组织重视的七大素养分别是：沟通与合作、创造性与问题解决、信息素养、自我认识与自我调控、批判性思维、学会学习与终身学习以及公民责任与社会参与。我国学生发展核心素养征求意见稿的九大素养与在该报告中提出的七大素养基本一致，充分表明我国的核心素养体系是符合世界发展潮流的，同时又体现出符合我国国情的素养，进而有力地推动了我国学生发展核心素养框架的最终形成。

之后《中国学生发展核心素养》总体框架正式颁布，明确了我国学生发展核心素养的内涵及表现，提出学生发展核心素养是学生应具备的，能够适应终身发展和社会发展需要的必备品格和关键能力，是关于学生知识、能力、情感、态度、价值观等多方面要求的综合表现。

以科学性、时代性和民族性为基本原则，以"全面发展的人"为根本目标，涉及"文化基础、自主发展、社会参与"三大方面，包括"人文底蕴、科学精神、学会学习、健康生活、责任担当、实践创新"六大素养，具体划分为国家认同等18个基本要点。至此，我国学生核心素养框架已经初步建立，该框架是在充分借鉴国外核心素养框架的基础上建立的，体现出一定的时代性与前沿性。总体上看来，我国学生核心素养框架具有两大特点：

1. 兼具个人价值与社会价值，二者有机结合

一直以来，我国都重视教育对人与社会发展的推动作用，制定任何教育政策都是以人的发展与社会的发展为依据。我国的核心素养框架便根据人的发展与社会发展要求确定，有效整合了个人和社会层面对学生发展的要求，充分兼顾个人价值与社会价值。

文化基础、自主发展、社会参与三个方面构成的核心素养总框架，充分体现了马克思主义关于人的个体性与社会性的观点。个人价值是个人或社会在生产、生活中为满足个人需要所做的发现和创造，我国核心素养的选取充分考虑到该素养是否促进了学生的德、智、体、美、劳全面发展，是否使学生实现自我价值，进而在实现自我价值的基础上实现社会价值。

在实践中，个人素养不能脱离具体的社会情境，脱离社会情境的个人素养是无法正确培育出来的，个人素养应和推动社会发展。

2. 聚焦核心素养培育，突出关键"少数素养"

从全球范围来看，国外研究看重的核心素养均符合信息化与知识经济时代培养人才的实际需求，有的选取的核心素养全面，几乎囊括所有的素养，有的选取的核心素养简约，只涉及几个关键少数的高级素养。如：欧盟的核心素养框架由学科素养和跨学科素养两部分构成。经合组织的核心素养框架则只包含跨学科素养，即高级素养；美国的 21 世纪技能也是相对于基本技能而言的高级技能或素养。核心素养之所以称为"核心素养"，便在于这些素养不是一般性的，而是高级的、核心的素养，是 21 世纪人人都必须具备的关键少数高级行为能力，是知识、技能与态度三者的协调统一。

对我国学生而言，基本的读、写、算技能比较扎实，更需要的是诸如创新素养、信息素养、民主素养等的高级素养。我国历时三年形成的核心素养框架便充分突显出了关键少数的核心素养，没有陷入"大而全"的陷阱，而是"少而精"，抓住了少数要点与核心。

(1) 创新素养。21 世纪是创新的时代，适应这一时代的人才必须具备一定的创造能力，拥有创新素养。从某种程度上说，创新是一个民族进步的灵魂，是国家兴旺发达的不竭动力。无论是国内还是国外，普遍认同创新素养是人类不可或缺的重要素养，是推动人类社会前进与发展的动力。创新思维与意识的培养是关乎人类生存与发展的国之大计，创新素养是核心素养的"核心成分"。就我国而言，创造人才相对缺乏，学生创新能力和创造能力的培养急需加强，培养创新人才是教育的重要目标。因而，我国的核心素养框架便充分强调了创新素养培育的重要性，创新素养的培育是加快实施创新驱动发展战略的迫切需要，是教育综合改革的突破点，是我国软实力的重要标志，

创新素养是我国核心素养之核心。

(2) 信息素养。当今时代科学技术飞速发展，"互联网 +"、大数据等新词令人眼花缭乱，设备更新换代的速度更是频繁，在这样一个信息高度发达的时代，如果学生缺乏基本的信息素养便是寸步难行。各国普遍意识到信息技术的重要性，如：经合组织提出互动地使用新技术、知识和信息，美国重视信息、媒体与技术技能等。我国的核心素养框架给予信息素养充分的重视，指出培养信息意识首先要具有网络伦理道德与信息安全意识，其次是能自觉、有效地获取、评估、鉴别、使用信息，最后要具有数字化生存能力，主动适应"互联网 +"等社会信息化发展趋势。

(3) 民主素养。中国社会的全面进步、发展要求加快政治民主化，对学生的民主素养提出了很高的要求。民主素养中最重要的就是学生的国家意识，首先是学生能了解国情历史，认同国民身份，自觉捍卫国家主权、尊严和利益；其次是学生的文化自信，学生能尊重中华民族的优秀文明成果，传播弘扬中华优秀传统文化和社会主义先进文化，积极了解中国共产党的历史和光荣传统，具有热爱党、拥护党的意识和行动；最后是学生理解、接受并自觉践行社会主义核心价值观，具有中国特色社会主义共同理想，具有为实现中华民族伟大复兴中国梦而不懈奋斗的信念和行动。

二、学生核心素养的培育

我国学生核心素养框架已初具规模，但理论离不开实际的践行，核心素养的关键在于对其的培育。聚焦核心素养的培育，为学生提供适应终身发展的品格和能力，应该注意从以下几个方面努力：

（一）变革教育理念，促进"以知识为本"的传统的教育理念向"以人为本"的现代教育理念的转变

核心素养已成为当前许多国家教育的支柱性理念。我国也应基于核心素养，促进以"知识为本的教育理念"向"以人为本"的现代教育理念的转变。"以人为本"教育观强调要尊重人、理解人、关心人，把满足人的全面需求、促进人的全面发展作为发展的根本出发点。因此需要改变教师、家长和学生普遍关注知识、关注学科、关注分数的现状，把教师、家长和学生的关注点从分数转向学生的自我发展与社会发展。真正实现从学科本位到育人本位、从知识本位到素养本位的理念转变，深刻把握核心素养的实质，深入剖析我国学生核心素养的应有内涵，把握新时代学生发展需要的核心素养。

（二）改善教学方式，促进"以知识点为核心"的教学方式向"以核心素养为导向"的教学方式的转型

学生核心素养的形成离不开教师的教学。要改变"以知识点教学为核心"的教学

方式为"以核心素养为导向"的教学方式，注重学生核心素养的培养，充分发挥学生的主体性和主动性，强调和保证课堂中的学生主体地位的实现。课堂是教师与学生共同参与、共同成长的场所，也是教师与学生情感交流的重要平台。学生核心素养的培养要体现在学校课堂教学活动中，教师要与学生进行平等有效的沟通和交流，营造独立思考、敢于探索的课堂文化氛围，利用启发式、探究式、参与式等教学方法，给学生更多时间自主思考，激发学生的学习兴趣，与教师共同探索。

（三）基于核心素养进行课程规划，建构课程体系

目前，传统的课程标准体系以学科知识结构为核心，但也存在一定的弊端，而以个人发展和终身学习为主体的核心素养模型可以有效弥补传统的课程标准体系存在的缺陷。核心素养已不仅仅是课程目标，而且是新型课程观，成为课程规划的理论基础与实践依据。培育核心素养，有必要基于核心素养进行课程规划，使核心素养引领课程规划。首先要做好课程的顶层设计，教材是学生学习的重要媒介，是学生认识世界与发展自我的主要途径，对教材编写的重视使核心素养的培育有了基本保障。基于核心素养培育的要求，教材编写要增加对学生核心素养培养的内容，把相关内容具体化与细化，并且转为明确的素养与能力要求，融合到各类课程体系中去，最后充分落实到学生身上。其次要将核心素养作为课程设计的出发点和落脚点，打破原有的分学段设计模式，整合从学前至高等教育的各个学段，进行整体设计，加强各个学段之间的联系。同时注意加强学科的横向配合，建构综合课程，进行跨学科课程与教学。最后把核心素养目标是否养成、养成程度高低作为评价课程设计是否取得成效的重要依据，并据此做出改进课程设计的决策。

《中国学生发展核心素养》总体框架虽已颁布，但与其他国家相比，我国核心素养的提出时间迟，推广时间也短，研究有待继续深入，还需要更为广泛的、系统的教育实践的检验。虽然我国学生核心素养的培育拥有良好的大环境，有全国统一的课程标准，能确保推广和可持续性。但学生核心素养的培育实践相对薄弱，需要持续加强。

三、新时代培育高职学生核心素养的必要性

党的十九大报告指出："中国特色社会主义进入了新时代，这是我国发展新的历史方位"。新时代是指，我国高等教育已迈入内涵式发展和高水平建设新阶段。随着产业升级和经济结构调整不断加快，高职教育发展正面临着经济社会发展和产业转型升级对高素质技术型、应用型人才的需求，新时代对个人终身发展和社会需要提出了新的要求和挑战。在新时代的格局下，高职教育要提升现代化水平，唯有提升人才培养质量，加强高职学生核心素养的培育，培养全面发展的人，为促进经济社会发展和提高国家竞争力提供优质人才资源支撑，实现高职教育的科学发展。学生核心素养作为全球化、

信息化和知识经济的产物，有着鲜明的时代特征，而学生核心素养的培养已经成为新时代教育改革的新焦点与指向。

（一）社会发展的潜在要求

人的发展到底植根于社会发展的需要，我国目前还处于人力资源大国向人力资源强国转变的过程中，面对知识经济的蓬勃发展以及科技进步日新月异的新时代格局和社会发展进程，传统的经济运作模式、职业发展模式和社会生活方式都发生了改变，社会对国民素质和人才培养有了新的要求。知识经济时代要求劳动力更新知识和技能，实现人力资本的升级，培养具有核心素养的人。核心素养提出的基点是"全面发展的人"。新时代"全面发展的人"除了要拥有一定文化基础，还要具有发展意识、社会参与品质和能力。新时代中国特色社会主义建设中，随着我国创新驱动发展战略的深入实施，高职院校面对新挑战，要努力发展高职生核心素养，主动适应新时代对应用型、创新型、复合型人才的客观要求，才能推动高职院校学生实现全面发展，为经济社会高质量发展培养有社会担当品格和实践创新能力，符合新时代需要和社会各界期待的高素质人才。

（二）高职教育的内在意蕴

高等教育面对基础教育、初等教育和中等教育以"学生发展核心素养"为主导思想的课程变革，也要做好衔接中等教育的人才培养工作，坚持以人为本，立德树人。高等教育作为教育的最高阶段，实现高等教育的现代化是引领教育现代化的重要内容，其关键是要实现大学生的现代化，即大学生现代性要素的生成与增长，高职院校面对高等职业教育供给侧改革，面对新时代对知识型、技能型、创新型产业大军的客观需求，发展高职学生核心素养，培育产业链中的高端人才，推动高职学生全面发展成为实现人的现代化的重点指向。

（三）人才培养的内在需求

知识和技能本身不是教育的目的，教育的终极目的是促进人的全面协调发展，高职教育的出发点和落脚点是人才培养的目标，高职学生的核心素养培育目标是培育全面发展的技术技能型人才。当前，高等职业教育还不能完全满足新时代对高素质技术技能人才提出的更新、更高要求，特别是具有创新能力和工匠精神的高端技术技能人才培养规模和质量，与产业转型升级的需求还存在差距。高职教育需要与产业需求无缝对接，围绕中国制造转型升级所需的高素质技能型人才进行改革，尽快适应新的生态环境，高职教育人才培养模式要顺应全球化、信息化和知识经济发展的大格局。高职院校对学生核心素养的培育已然成为提高人才培养质量的必然选择。

（四）个体发展的现实诉求

当前因为新技术、新知识和新思想的不断涌现，高职学生的就业竞争力与用人单位的实际需要不能完全匹配，高职学生是将要步入社会的职业人，高职学生的必备品格和关键能力应该直接与职业环境和岗位能力对接，要充分考虑高职学生的社会适应性、岗位竞争力和职业发展性等，从社会适应性而言，高职学生应该具有良好的学习能力、健康的身心状况和深厚的人文底蕴，就岗位竞争力来看，要有较强的学习能力和科学精神，基于职业发展性，高职生应有职业人的责任担当和实践创新精神。这些要素相互关联、相互支撑，为实现个体发展和服务社会提供动力和保障。因而高职学生核心素养的培育必然成为高职教育新常态的核心要素。

四、新时代高职学生核心素养培育的发展困境

（一）理念更新还不够及时

尽管核心素养价值具有丰富的内蕴，"技能至上"、"唯技为重"等传统的职业教育理念仍表现出很强的稳定性。就高职院校而言，还没有主动适应经济社会发展和产业结构调整等形势变化，存在重专业知识和技术技能的培养、轻学生核心素养培育的现象，人文与科学精神的培育缺位，个人发展与社会责任感、使命感缺失；很多学生仍缺乏核心素养的养成意识，对核心素养构成要素的理解度不高。核心素养培育是全员、全过程、全方位的教育教学活动，需要多维度构建核心素养培育体系，不仅要回应社会需求，还要关注高职学生未来的成长成才和可持续发展。

（二）课程体系还不够完善

课程是立德树人的基本载体，是实现教学目标的重要工作，传统的课程与教学局限于传授知识和技能本身，重学科知识，轻跨学科素养，与核心素养理念格格不入，没有将核心素养要素纳入育人体系，融入课程体系，有些是将核心素养培育完全独立于课程之外，核心素养培育目标的内容结构没有与课程框架之间建立实质性有效承接，脱节、虚化和泛化现象明显，核心素养培育目标难以有效落实。

（三）理实结合还不够紧密

随着科学技术的持续性发展，人类在职业领域面临的问题呈现多样性和复杂化特点，知识经济在互联网、大数据、物联网、人工智能等信息化趋势下，在知识型人才向素养型人才培养的转变中，高职院校核心素养培育未能与社会实际需求高度匹配，很多高职学生毕业以后无法适应不同产业结构和专业层次的需要，造成人才结构性过剩。产业结构调整，使得市场更加突出要求高职学生在生产和工作中的创新精神和实践能力，目前看来高职院校在理实结合方面显得发力不足。实践创新要求高职学生具有良好的劳动意识，懂得技术运用，有良好的动手实践能力，并能专注于解决实际问题。高职学生"创新能力"、"批判性思维"、"公民素养"、"合作与交流能力"、"自主发展能力"、"信息素养"等具有核心竞争力的高阶素养都相对缺失。

（四）评价考核还不够科学

高职学生的核心素养对于学生的当前和未来发展至关重要，而将其嵌入学生成长成才的全过程，体现于教育教学的全过程，必须要有刚性的评价考核体系予以保障，要通过来自外力的评估和审视来提升学生核心素养的培育与构建。但当前我国高职学生在发展过程中，对于学生的核心素养界定还较少，在对学生进行综合评定和评价时，还少有将其作为单独要素进行评价，更多地混杂于德育、专业技能等评价体系之中，核心素养评价的地位体现不出来，评价的指标不明确，缺少对学生先进科技文化素养、创新意识和终身学习能力的重视，也就难以显示出各校对于高职学生核心素质培养程度、学生在核心素养上的发展能级，在一定程度上影响了学生的长远发展。

五、新时代高职学生核心素养培育路径

（一）更新教育理念，树立先进的学生培养与培育架构

当前我国高职教育的发展已经步入了快车道，对于学生的培养理念也在不断更新，要求"复合型"的技术技能人才来承担国家经济社会发展的重要人力资源支撑。从国家层面来看，我国要尽快出台关于培育培养高职学生核心素养的政策与制度，界定清楚高职学生的最重要培养目标、最重要培养内容和培养价值取向，有针对性地设立高职学生核心素养指标体系，为高职学生培养设立宏观框架。从教育主管部门来看，要根据我国高职院校的专业大类，结合高职专业教学标准，分门别类地对高职学生的核心素养进行梳理，委托专家学者、专业的第三方机构制定专业的核心素养培养体系，为高职院校进行人才培养提供最基础的发展指向；从高职院校来看，各院校要根据专业设置情况、人才培养模式、行业产业需要等具体要求，根据国家和教育主管部门对高职学生核心素养的要求，自主制定学生的核心素养培育框架，以培养优质、高质量的技术技能人才为总目标，大力提升学生的综合素质。

（二）创新教育方式，构建完善的教学与课程体系

高职学生的核心素养培养必须有相对应的教学体系和课程体系进行支撑，要通过教师的教学、课程的融合、学生的学习与训练才能逐步显现，才能最终转化为学生的就业能力和可持续发展能力。首先，教师要明确学生的核心素养是什么，教师一般都拥有丰富的教学经验和专业背景，对于本行业、本专业具体的培养要求、岗位标准等都比较熟悉，最了解学生需要培养什么样的核心技能、核心素质，在教学过程中要进行重点讲解和重点训练，将最前沿、最先进的技术技能，岗位素质标准等及时地渗透到教学之中。其次，强化课程体系的改革与创新，要以培养学生的核心素养为重点对课程体系进行梳理与重构，打造适合学生核心素养培养的课程群、课程链，并且不断

增强课程的教学改革和模式创新，更多应用项目化、模块化等教学方式，让学生在课程学习、实训当中逐渐掌握最重要的技能，逐步熟悉、适应自身的岗位要求。最后，学生要深刻理解核心素养的重要性，高职院校要有针对性地对学生进行相应的理念培训，提升学生对于核心素养的认知能力，帮助其在学习和实践中学会掌握对于其职业发展最具有影响力的核心内容，提升其抓重点的能力，为其后续的生涯发展打下良好的基础。

（三）注重理实结合，锤炼学生的实践与转化能力

高职学生核心素养的养成最终要转化为学生的实践动手能力和实操能力，都要转化为其走上工作岗位后的岗位适应能力和发展能力，因此在对高职学生进行核心素养培养时，必须将理论与实践进行充分融合，要帮助学生将理论知识学习扎实，具备融会贯通的能力，并且在理论的指引下通过实操和实训，逐步发现自身在理论知识掌握上的薄弱点，在个人技术技能掌握上的缺失点，有针对性地进行自我修正，在核心技能和核心素养的塑造中不断取得新的提升。同时高职院校要创造各种条件对学生进行综合素质的培养，重点在对培养学生的爱国情怀、工匠精神、职业道德、思想道德、吃苦耐劳精神、团队协作精神等领域设计内容丰富、形式多样的活动和训练载体，借助校外和行业企业的力量，全方位、全过程地对学生进行培育，使其充分了解作为一个当代职业人，核心素养绝不仅仅是高超的技术技能，还包括了良好的职场精神以及个人综合素质，教育学生要成长为复合型人才，而不是"单打冠军"。

（四）改进考核评价，形成科学的评估与改进体系

高职学生的核心素养培养体系的建构需要一个长期的过程，并且要在建构过程中不断进行滚动式调整，而其调整的依据就是评估和评价结果。当前高职对学生的核心素养的评价主要依托的还是上级制定的人才培养评价与评估体系，而教育主管部门的人才培养评价一般以五年为一个周期，周期时间较长，高职院校不能仅仅依靠外力来推动学生核心素养的培养，更多是要发挥内力作用，通过在内部建立常态化的学生核心素养诊断与改进体系，以年度为单位充分听取行业企业、用人单位、教师、学生等层面的意见与建议，对于学生日常的核心素养培养做一个过程性和终结性评价，并将评价结果向教师和学生进行反馈，让其明确院校所开展的核心素养培养取得的成效、存在的问题，共同寻求解决的方案。同时，要充分发挥市场的作用，借助第三方独立机构对学生的核心素养培养进行动态的监测，让其提供科学而准确的数据，为后续的培养举措寻找依据。各院校间也要加强沟通与协作，尤其是同类院校、同类专业间要充分地进行合作，建构更贴近教学实际、学生实际的评价体系，以培养出高素质、高质量的技术技能人才，助力我国经济社会发展再上新台阶。

高职教育在新时代高质量发展，人才培养水平长足进步，核心素养的培育是全面

贯彻落实立德树人根本任务的重要实践，这不仅是社会发展的潜在要求和高职教育的内在意蕴，也是高职人才培养的内在需求和学生发展的现实诉求。高职教育要从各层面建立先进的核心素养培育架构，强化教学与课程体系的创新与完善，锤炼学生实践能力，形成科学评估与评价体系，多维度构建新时代高职学生核心素养培育机制，培养符合新时代所需要和社会期待的高素质人才。

第六章　产教融合的运行机制建设

伴随着高职教育的不断深入发展，校企合作、产教融合一体化的教育模式也在逐步发展。只是目前中国的高职教育建设并不完善，还有待加强。本章以新时代高职院校产教融合的长效机制的建设为题目，重点论述了"双师"交流机制、校企实践基地共建机制、校企双向服务机制、产教融合就业机制和产教融合激励机制这五方面的内容，为高职教育发展提供了借鉴意义。

第一节　"双师"交流机制

一、制度建设

校企共同修订完善了《关于"双师"双向交流的实施意见》等文件，不断完善"责任明确、管理规范、成果共享"的"双师"双向交流机制。聘请企业工程技术人员承担实践教学任务，与学校教师共同开发实践教学课程内容，负责学生技能训练指导；专任教师到合作企业顶岗实践，提高教师实践能力；教师参与企业的技术革新、设备改造与新产品的研发，承担企业员工继续教育的培训工作。通过校企合作实现专任教师与企业技术人员的对接，解决"双师素质"教师队伍的建设问题，构建校企教学研究团队和技术创新团队，深入钻研技术、研发新产品新工艺、开发实践教学体系，共同开发和实施工学结合课程、共同开展技术研发，提高教育教学水平和企业生产效率。

高职院校出台的相关文件，着力构建双向交流的动力机制。文件需要进一步明确对进企业锻炼教师及来学校兼职的企业员工在政策方面的支持以及相关奖励激励措施，并且明确在考核评优、职称评审、绩效考核、培训进修等方面向"双师型"教师倾斜。此外，校企共同制定相关文件，不断完善"互利共赢、共建共管"的实践教学基地共建机制，以及"责任明确、管理规范、成果共享"的"双师"双向交流机制。

二、主要内容

（一）教学交流

1.教学实训基地

为促进校企深度合作，各相关企业需要协助校方建设实训室，提供实训解决方案，并给予一定的支持。实训基地的建设要有效解决校方新专业建设过程中所涉及的课程设计、人才培养方案、培养目标的制定及配套实训设备投入等问题，加快专业建设步伐，以此来抢占发展先机。

2.实习实训指导

实习实训指导。各院部与相关企业签订合作协议，结合相关企业的实际情况制订顶岗实习、工学结合计划（包括：学生人数、专业、实习时间、实习内容、负责人等），经双方确认后执行。实习期间，校方需派出实习带队老师负责具体实习实务，保证学生遵守有关法规和相关企业的管理制度。企业派一线能工巧匠指导学生实习，提高学生的实际动手能力并且积累实际经验。

校企共建课程、共同开发教材。学校聘请企业"能工巧匠"和"技术能手"实施弹性教学安排，灵活安排教学时间，与学校教师共同开发实践教学课程内容，负责学生技能训练指导，承担实践教学任务，确保优秀兼职教师到校上课；专任教师到合作企业顶岗实践，提高教师实践能力；教师参与企业的技术革新、设备改造与新产品的研发，承担企业员工继续教育的培训工作。

（二）师资交流

1.学校教师深入企业

学校选派教师到合作企业学习锻炼，通过学习获取企业先进的新知识、新技术、新工艺和新方法，多方面、多途径地培训专任教师，充实专任教师的"双师"素养。各院部根据教学任务的安排情况，每年选派一定的教师去企业锻炼学习。学校专门出台了《教师进企业（或部门、单位）挂职锻炼管理程序》，明确相关管理要求。优先安排没有实践工作经历的教师作为驻点带队教师到企业或相关单位管理学生的实习。所有教师要优先考虑借助带队实习的机会，加强与企业的联系，深入企业历练实践能力。具有企业工作经历的教师或具有高级职称的教师要同时在企业开展技术开发等项目合作。

各院部及学校教务处、人事处、科研处和督导处等职能部门要不定期地到企业走访，了解教师在企业的工作、学习情况，包括到岗情况、工作内容、工作纪律和工作成效等，探讨交流、解决问题。教师进企业实践结束，要撰写总结并填写《职业技术学院教师进企业实践考核表》，提交进企业实践效果的证明材料，完成课题的报告或论文，搜集的有利于教学教研的案例材料；与企业合作共同开发的培训资料；为企业培训员工、提供咨询、解决实际问题等方面的企业证明和案例材料；与企业签订的课题合作协议；企业捐赠学校的设备和资金证明材料等。

各院部、教务处、人事处等有关部门对教师进企业实践的情况进行综合考核，评定考核结果。有下列情况者视为考核不合格：实践时间内，学校检查或抽查到教师缺岗，且经过核实事先没有向所在院部办理请假手续的；教师在实践时间内，不遵守实践单位规章制度，造成投诉并且影响恶劣或导致学校形象受损的。

教师进企业实践回校后，要在院部范围举行进企业实践成果汇报会，汇报自己的实践情况、收获与体会。教师进企业实践期间的待遇按照高职院校有关规定执行；对考核不合格的教师，扣减或不计绩效津贴；对进企业成绩显著的教师，学校按其贡献价值给予适当奖励。经批准在寒暑假期间进企业实践的，按加班标准每天计算补助。对于考核不合格的，则应减少或取消补助。

2. 企业专家进学校

企事业单位的专家、技术骨干和能工巧匠进学校。学校聘请企事业单位的专家、技术骨干和能工巧匠到学校担任兼职教师，传授实践技能和知识技术的应用，承担部分专业实训课及相关课程的教学任务。积极推介优秀教师为企业职工进行培训，也可以推介学校高层（院、部领导）担任企业顾问，定期进行系列讲座，并创造专任教师和兼职教师交流的机会，如：在筹建专业实验、实训室，组织教研活动等方面，积极邀请兼职教师参与，认真听取他们的意见和建议。让兼职教师指导校内教师的实践教学活动，安排专任教师和兼职教师结成对子，互通有无、取长补短等。

外聘兼职教师的任职条件。具有良好的师德，较强的敬业精神；具有一定的教育教学经验，熟悉高等职业教育的教学方法。只有具有中级以上专业技术职称或本科以上学历，专业知识水平较高，才能胜任所讲授的课程或毕业设计论文的指导工作。某些专业课程经批准可适当放宽任职条件，但需持有相关专业职业资格证书，或技能岗位等级为高级工以上，或具有相关专业三年以上的工作经历，身体健康、精力充沛，能完成教学任务。

外聘兼职教师的管理。外聘兼职教师管理由学院（部）、教务处、督导处和组织人事处负责。各院（部）按统一的要求建立起本学院（部）外聘兼职教师档案。组织人事处汇总并建立全校外聘兼职教师档案库。各院（部）具体负责兼职教师的日常管理工作。每学期召开一次外聘兼职教师工作会议，了解外聘兼职教师的教学情况，通报学校教学信息，总结教学工作。教务处负责审核和检查兼职教师的教学工作量。兼职教师的教学质量由督导处和院（部）共同监控。督导处、各院（部）根据教学计划的要求，应做到不定期抽查和了解外聘兼职教师的授课情况和课程辅导、作业批改等情况，检查教学质量。对学生意见强烈、教学效果差或严重违纪的外聘兼职教师，由督导处、各院（部）研究后及时予以辞退，并由各院（部）做好后续工作。

外聘兼职教师的职责。教学工作量包括：上课、辅导、批改作业、出试卷、批改试卷、评定成绩和试卷材料归档等。按学校的教学计划、课程标准等教学文件进行讲义组织和教案编写，按行动导向、学生主体的要求实施教学，必须备有所教课程的教案，以保证教学质量。学期第一周填写"授课进度计划"并经各院（部）审核后交教务处存档备查。严格按照课程表讲课，未经聘任学院和教务处批准，不准擅自调课、停课或者更换教师；因事因病请假，复课后必须及时补课；认真进行课程辅导、作业批改；参加所授课程试卷的出题、监考和评卷等工作。在每学期课程考试结束后，按学校要求及时录入和送交学生成绩，并按照学校对试卷相关材料的要求，提供相应的材料。参加各院（部）组织的集体教研活动，每学期参加教研活动不少于四次，并要对学校的各项工作提出合理化建议，共同搞好教学活动。

（三）技术交流

双方合作进行各种类型、各个层次的科技项目研究开发，可以通过相关媒体刊登相应的科研成果。校企联合参与行业活动，双方利用各自优势资源，在符合当地区域经济特色的各种行业项目中深层次合作，发挥学校与企业双方各自的优势，构建"双师"双向交流、校企双向服务的机制，借助双方的师资、技术、场地和设备的优势，以项目合作的形式开展核心课程建设、新产品的研制、高技能与新技术培训、继续教育等方面的合作。同时要争取政府支持，共同研究、共同开发、共同实施，促进地方经济发展。校企双方利用各种学术会议、行业会议和有关推广资源，推荐介绍对方，以提高双方的知名度和影响力。

（四）文化交流

学校与企业合作举办多样化的活动（校企合作交流会、企业文化活动、企业调研活动、创业大赛、创业成果展示等），为在校大学生推介校企合作项目。这些活动可邀请政府部门、媒体、企业家和专家教授等前来参加。

三、组织实施

各院部校企合作办公室负责"双师"双向交流的组织实施。为提高工作效率，各院部与相关企业要成立双向交流联络工作小组，工作小组由双方各委派1~2名工作人员组成。联络小组负责日常联络工作，提出阶段性合作计划，协调解决交流中的有关具体问题。

原则上每个专业，每学期与相关企业和兼职教师所做的交流要达三次以上。每次交流要做好记录，各院部负责检查本院部"双师"双向交流情况，组织人事处负责检查各院部"双师"双向交流情况。

各院部定期走访企业人事部门负责人，了解企业发展情况、人力资源情况和在岗员工技术、技能提升的需求，及时为企业发展提供人才培训服务，落实"双师"双向交流计划，分析、交流工作的开展情况。

第二节　校企实践基地共建机制

一、校内实践教学基地

校企深度融合，共建"校中厂"。引进企业进驻学校，企业按生产要求提供建设生产车间的标准、加工产品的原材料和产品的销售，学校提供符合企业生产要求的环境、场地与设备，建立生产型实训基地、教学工厂。企业选派人员管理工厂生产经营，指导师生的生产、实践和实习实训，帮助学校完善实训课程体系；学校按照生产要求，将实训课程纳入整个教学体系当中，安排学生到"校中厂"顶岗实习，派教师到"校中厂"实践。企业依据自身的生产设备和技术人员情况，提出对人才需求规格要求，由校企双方共同开发实践教学课程，将企业文化、生产工艺、生产操作等引入教学课程内容。高职院校应该积极地与当地的企业取得联系，共同建设实习基地。

（一）实训基地建立的原则

实训基地的建立原则为共建、共管、共享和共赢。通过优势互补，深入、持续、健康地合作；服务教学原则，"校中厂"实训基地应积极开展实践教学、科学研究和中间试验，逐步成为技术密集、效益较高的实训基地；统一管理原则，校企双方的利益与责任必须高度统一，要统一领导、统一管理、统一规划和统一考评；校企互动原则，实训基地为学校师生提供现场教学和生存实践的平台，学校为企业一线技术人员提供更系统、更安全的理论知识，学校聘请企业一线技术人员作为学校兼职教师，通过校企互动，学校师生提高实践技能，企业技术人员增长理论知识，实现理论与实践互补。

（二）实训基地的资产管理

"校中厂"资产采购程序参照《校内实践教学条件建设与运行管理程序》执行，该资产列入学校固定资产，作为校产的一部分来管理。"厂中校"资产采购，由企业负责或双方另行协商处理，该资产不列入学校固定资产管理，由企业单列"校企合作资产"来管理。"校中厂"资产主要按照以下条款进行管理：

①"校中厂"固定资产日常维护由使用单位负责，大修和改造项目由使用单位提出，相关上级部门批准，由资产管理部门组织实施。"厂中校"固定资产的维护由企业负责，设备改造项目则由双方另行协商处理。

②校企合作项目资产校内迁移，需到学校资产管理部门登记，同时相应变更资产

管理台账，做到账、卡、物相符。校企合作项目资产原则上不允许校外迁移，如果因为某种原因确实需要，则应按照设备变更要求，办理相关设备迁出手续，如果需要长期迁出，则应及时注销。

③"校中厂"资产报废参照校产报废的相关规定和程序执行，报送合作企业备案。"厂中校"资产报废参照企业资产报废程序执行，报送学校备案。

（三）实训基地的绩效考核

为了推动"校中厂"实训基地健康发展，保证"校中厂"实训基地运行质量，学校每年按照《合作协议书》和"校中厂"实训基地考核标准对"校中厂"实训基地进行考核。考核结果作为"校中厂"实训基地是否继续运营的依据，也作为是否与原协议人续签的依据（原则上考核结果不低于 70 分）。"校中厂"实训基地考核标准如下：

①人才培养（分值 20）。按合作协议提供足够的学生实习实训岗位；产教深度融合，落实"两对接"（课程内容与职业标准、教学过程与生产过程）。

②双师双向（分值 20）。专任教师与企业技术人员对接与互通，打造双师结构教学团队。

③教科研（分值 20）。构建校企教学研究团队和技术创新团队，共同开发和实施工学结合课程，共同开展技术研发。

④缴纳费用（分值 10）。根据合作协议向学校按时缴纳有关费用。

⑤合法经营（分值 10）。生产经营符合相关法律和学校规章制度。

⑥安全生产（分值 10）。符合安全生产要求，杜绝生产安全隐患。

⑦现场管理（分值 10）。

二、校外实践教学基地

学校与理事会内外企业共建了多个校外实习（就业）基地，为学生顶岗实习和优质就业奠定了基础。

校企深度融合，共同建设"厂中校"。由企业提供实训场地、管理人员和实训条件，按照符合企业生产的要求建设生产性实训基地，将校内实训室建在企业，使单纯的实训室转变成生产车间。"厂中校"以企业为管理主体，将其纳入企业的生产、经营和管理计划当中，由企业和学校共同设计学生的实训课程，学生集中到生产性实训基地顶岗实习、实训和生产。教师和企业师傅共同承担教学任务，实现学生专业职业能力与企业岗位职业能力相对接、实习实训环境与企业生产环境相一致。

第三节　校企双向服务机制

一、校企双向服务工作机制

推进校企双向服务项目向深度和广度发展；负责指导各二级学院校企服务合作开发项目的立项申报与建设工作；对跨专业、跨院部、跨领域的校企合作服务项目加强协调和管理；负责校企合作横向科研项目的推进，促进科技创新平台建设，校企共同开展科技研发，引导专业教师积极为企业提供技术服务，提高学校社会服务能力。

学工处、教务处、组织人事处、财务处、资产后勤处和继续教育学院等部门在各自职责范围内负责校企合作双向服务的有关工作，形成齐抓共管的良好局面。具体包括以下方面：学工处主要负责学生顶岗期间的思想政治教育和安全管理工作，为学生就业创业搭建良好的平台；教务处主要负责校企实践基地共建的管理、学生顶岗实习教学管理、专业建设指导委员会的建立与管理、校企合作课程开发等工作；组织人事处负责"双师素质"教师与"双师结构"教学团队建设等工作。聘请行业企业专家和专业技术人员、高技能人才担任兼职教师，承担实习实训技能等教学任务，为教师举办培训班和讲座，有计划地安排专业教师到合作单位实践锻炼；财务处主要负责核算校企合作服务项目运行成本，审查校企合作项目运行收入分配方式的合理性及财务管理；资产后勤处主要负责校企合作校内工作场地、设备的管理与监督使用及项目终止时固定资产（包括捐赠仪器设备）的清理与回收工作，积极为校企合作提供相关支持与服务。继续教育学院主要负责为合作企业职工提供继续教育与培训服务等工作。

二、校企双向服务内容

校企共同修订完善《校企合作实施办法》《科技特派员工作管理程序》等文件，利用学校的人力资源优势和先进的实验实训设备，与企业共同创立集科研、生产、应用和高级技术技能人才培养于一体的运作体系，形成校企双赢的良好局面，建立校企双向服务机制，达到合作发展的目的。

依托校企合作办学理事会，充分发挥高职院校为地方经济社会发展服务的职能，依托企业行业优势，充分利用教学资源，建立紧密结合、优势互补和共同发展的双向服务机制。

（一）专业课程建设和资源建设

校企双方根据市场人才需求情况，共同开发专业核心课程，建立突出职业能力培养的课程标准。企业提供相关职业资格标准、行业技术标准、相关岗位知识与技能要求等资料，利用自身的各种素材，不断丰富校方的教学资源库，包括：重大项目可对外披露的设计文档、流程图和视频资料等。

在进行课程设置时一定要考虑课程规范。不管是在课程组织，还是在课程的实践过程中都要符合课程规范的要求。倡导课程组织的灵活性和多样性；提倡课程改革的标准化与同步化；提倡课程多参与实践；在真实的生产过程和生产环境中培养学生的专业技术及应用能力。

（二）"订单"式人才培养

招生前与企业签订联合办学协议，进行"订单"式人才培养模式。校企双方共同制订人才培养方案、课程标准和学生的理论课，专业课由学校负责完成，学生的生产实习、顶岗实习在企业完成，毕业后即参加工作实现就业，达到企业人才需求目标。具体设有定向委培班、企业冠名班和企业订单班等。

（三）科技开发合作

双方合作进行各种类型、各个层次的科技项目研究开发，校企联合参与行业活动，双方利用各自的优势资源，在符合地方经济特色的各种行业项目中进行深层次合作，争取地方政府支持，共同研究、共同开发、共同实施以此来促进地方经济发展。

（四）合作构建"双师结构"教学团队

聘请行业企业专家和专业技术人员、高技能人才担任兼职教师，承担实习实训技能等教学任务，为教师举办新技术、新设备、新工艺和新材料内容的培训班及讲座，有计划地安排专业教师下企业实践锻炼。

（五）共建实践基地

学校引进企业建设"校中厂"，借助企业生产环境和技术指导，组织专业实习，使学生提前接触生产过程，在实践中学习和掌握专业知识和技能。学校根据专业设置和实习需求，本着"优势互补，互惠互利"的原则选择合适企业建立"厂中校"，作为师生接触社会、了解企业的重要阵地，实现"走岗认识实习、贴岗专业实习、顶岗生产实习"，利用企业的条件培养学生职业素质、实践能力和创新精神，增加专业教师实践机会，提高实践教学能力。

（六）交流与培训

企业派出技术专家为校方承担部分相关课程教学任务，聘请校方优秀教师作为企业特聘专家。校企双方每学期进行1~2次的教学探讨。校方与企业共同组织或参加同行业教学研讨、学习观摩等活动，企业定期向校方提供专项知识讲座，更好的服务师生。

三、科技特派员机制

高职院校立足当地产业发展需要，实施科技特派员机制。这是校企合作的主要形式，也是学校主动服务社会的举措之一。目的是引导广大教师深入企业（单位）、行业协会和工业园区等，积极开展社会服务活动，增强教师社会服务能力。拓展校企合作空间，规范管理，推动校企合作办学工作，建立学校技术人才服务地方、企业的长效机制。

学校选拔具有扎实的相关技术领域专业知识、较强的社会服务能力、组织协调能力和有责任心的教师，将其派驻到工业园区、专业村镇和行业协会等，开展校企合作、人才培养、调研和联络工作。科技特派员服务区域覆盖当地主要地区。

（一）特派员选派原则

1.按需选派

根据地方经济发展规划、区域经济发展要求和人才需要，选派专业对口、具备较强科技与社会服务能力的骨干教师担任科技特派员工作。

2.任务明确

特派员派驻期间，有明确的工作任务和阶段性成果目标。以此为目标，开展相关工作。

3.绩效考核

特派员派驻期间的工作成效与教工年度绩效挂钩。特派员派驻期满后，应进行绩效考核，综合考查特派员工作成效，主要包括特派员派驻期间工作任务完成情况和预期目标达成情况。考核目标写入年度个人岗位职责（任务书），考核结果计入年度工作量，作为年度绩效考核的依据。

（二）特派员应具备的条件

特派员特指立足当地产业发展需要，从学校全体在岗教师中选拔，将其派驻到当地境内的工业园区、专业村镇和行业协会等。开展校企合作、人才培养、调研和联络工作的人员必须符合以下基本条件：

①为学校在岗人员。

②具有中级（含中级）以上专业技术职称。

③具有扎实的相关技术领域专业知识，较强的社会服务能力、组织协调能力与工作责任心。

（三）派驻单位应具备的条件

①具有相当数量会员单位的学会、协会；或具有相当规模的园区管委会；或政府部门认定的专业村镇。

②有人才培养、员工培训和技术攻关等方面的需求。

③认可校企合作办学工作理念，能积极配合科技特派员开展工作。

（四）特派员工作任务

1.调研工作

深入一线，了解企业（单位）生产经营状况，考察企业（单位）技术和人才需求，收集企业产品信息与技术资料，分析、研究企业所在行业发展状况，为学校制订相关专业人才培养计划提供一手资料。

产教融合平台融合了大量的企业和相关行业，利用"政产学研市"的联动机制，可以深入了解整个行业和主要企业发展的现状、问题及发展趋势，从而为政府、行业、企业提供咨询建议，为高职院校提供人力需求报告，为科研机构提供产业需求的一手资料。

根据技术和行业发展趋势来看，特派员要在充分摸清企业（单位）技术需求的基础上，收集新工艺、新技术、新产品信息，以及国内外市场动态信息，了解相关技术领域的发展态势和资源布局，分析和研究有待攻克的关键技术和共性技术难题，协助企业制定技术发展战略，推荐学校有关专业教师与企业协同攻关。

调查地方行业发展状况，为地方政府出谋划策。以上调研工作必须撰写和提交调研报告，并附有相关部门或单位的认可（或采纳、实施）证明和支撑材料。

2.校企合作平台建设

构建校企合作长效运行机制。校企合作是我国高职教育的发展方向和前景所在，因此特派员要根据学校专业特点，结合实际情况，充分发挥桥梁和纽带作用，根据企业（单位、园区）技术需求和发展战略，努力促成企业（单位）与学校的有效对接，提出机制建设内容需求、合理建议与方案，建立学习、研究合作的长效机制。

产教融合从本质上讲，就是一种新型协同创新模式。这种创新模式就是对各种主体资源的优化配置，实现各个参与主体之间的实时交流，从中获取更多的资源。通过主体之间的共享，提升参与主体的技能与核心创新能力。利用校企平台共同培养人才，通过推动校企共建平台，为企业培养技术人才，并为学校提供实训场地。

（五）特派员工作考核

特派员工作考核，每学年开展一次，在全校年度绩效考核时段进行，分特派员自评、管理部门审核和网上公示三个阶段。特派员考核分为优秀、良好、合格和不合格四个等级。考核成绩低于60分为不合格，60~79分为合格，80~89分为良好，90分以上为优秀，等级绩效按当年学校绩效考核办法执行，考核不合格者取消下一年度特派员推荐资格；对考核成绩优秀、表现突出的特派员，学校应授予"年度优秀特派员"称号和适当的物质奖励；学校对连续做出突出贡献的特派员，在技术职务晋升时应该给予优先考虑。

（六）经费来源与管理

特派员工作经费纳入学校预算，归科研处管理。科技特派员工作专项经费主要为特派员进驻企业（单位）的差旅费和会务费。差旅费主要包括特派员进驻企业交通、住宿和伙食补助等；会务费包括邀请企业（单位）代表来校参观、学术研讨等产生的费用。特派员进驻企业（单位）的差旅费由特派员提交工作台账到科研处，经科研处审核后，按正常出差报销程序办理，各项开支标准按学校统一规定执行。

四、建设创新与育人发展中心

以地方政府为主导，以切实服务地方经济和社会发展为宗旨，通过大型企业的强强联合，成立协同创新中心，推动学校与地方企业或产业化基地的深度融合，形成"多元、融合、动态、持续"的协同创新模式与机制。学校高度重视、大力支持协同创新中心、协同育人平台的培育建设工作，从经费、人员以及场所等方面进行专项投入。

产教融合平台本质上就是一个创业创新的有效载体。鼓励并引导学生、教师参与创业创新实践，并且将创业与专业、与科技、与区域产业、与政府导向相结合，提升师生的创业知识和经验、创业意识、创业能力、科技知识、创新能力和创业成效，其也是产教融合的一项很重要的功能。通过这个载体，形成完整的创业实践教育体系。当然，学院也要与当地政府、行业协会、企业和新闻媒体之间进行及时沟通，整合各种社会资源为创业教育服务，推动学生创新创业的社会环境建设。

第四节　产教融合就业机制

一、就业工作机制

职业教育的办学方针就是以就业为指导，将学生的就业工作放在重要位置。产教融合既是实现高职院校与企业之间共赢的重要方式，又是实现职业教育与企业可持续发展的重要途径。

高职院校认真落实就业工作重心，明确校、院两级工作职责，加强目标管理。企业提供生产标准，参与人才培养方案的制订，参与课程开发，安排学生顶岗实习，提供就业岗位，反馈毕业生信息，积极与学校开展合作育人、合作办学，提升学生就业能力和就业质量；强化职业生涯规划和就业指导课的师资队伍，以及学生就业服务指导中心建设，提供就业信息，开展就业咨询；加大学生就业奖励基金和创业基金额度，扩建学生创业园，搭建创业平台，开展创业教育，提升学生的创业能力；建立毕业生跟踪调查制度，及时调整培养方向，适应企业要求。

二、就业反馈机制

学校做好就业意向及需求市场分析工作。多年来，根据高职院校对毕业生进行的择业意向调查，对用人单位的用人取向和用人变化进行调查，还通过对各专业近几年的毕业生进行部分回访，收集用人单位对录用毕业生的满意度反馈意见，有针对性地开展就业宣传和就业指导，较好地服务于学生就业。学校还要对往届毕业生进行就业质量跟踪调查，发放"毕业生就业状况调查表"、"用人单位对毕业生就业质量评价表"，配合第三方评价机构，进行毕业生跟踪调查工作，完成高职院校近几届毕业生就业质量年度报告，并及时上传至省教育厅就业指导中心。

三、产教融合就业机制的发展现状与构建

（一）发展现状

1. 经济基础发展不协调

经济基础是职业教育实现产教融合的基础，只有足够的资金支持才能够保障高等职业教育改革的有效进行。但是与区域经济的增长相比，中等职业高职院校的办学实力明显不足，资金的缺乏导致高等职业教育离实现职业教育产教融合还有一段差距，在发展过程中，很难实现企业经济与职业教育产教融合的有机统一。与此同时，区域经济发展的不协调导致高职院校的办学实力很难适应区域经济的发展战略，所以缩短高职教育改革与区域经济发展的差距是当前的主要工作任务。只有不断优化高职院校改革，才能有效弥补区域经济发展的不协调，减少职业教育发展的不平衡，最终实现职业教育产教融合、与区域经济的协调一致，进而适应区域经济发展的整体战略。

2. 高职院校课程设置不合理

近年来，随着经济发展进程的不断加快，产业在发展过程中对专业性人才的需求也呈现出多样化的态势，进而导致人才培养与产业需求之间的不平衡。高职院校所设置的很多专业都是为企业的发展服务的，但是产业的不断升级导致行业与人才培养之间产生了很大的差距，导致高职业教育与实际需求之间严重不协调，即使是专业性的技术人才也满足不了企业日益发展的需求。这种矛盾导致产业发展受到了阻碍，同时企业需求与人才能力之间严重脱节，使学生在未来的工作中缺乏实践能力和技术指导，限制了学生自身的发展，也影响着高职院校的教育水平。

3. 企业的配合度不高

实现职业高职院校的产教融合，主要是为了实现人才培养的目标，但是在当前大

多职业院校在实现产教融合的过程中，严重缺乏政府的政策支持，企业在与职业高职院校进行合作的同时，缺乏科学、完善的指导体系，进而导致高职院校实现产教融合的效率低下。同时相关企业在参与高职教育产教融合的过程中也没有得到实际利益，所以在此过程中，企业的参与度和积极性普遍不高。此外，由于高职院校的能力有限，同时还缺乏资金支持，导致高职院校自身缺乏吸引力，致使企业不愿意加入高职业教育产教融合的体制，进而加大了实现产教融合与校企一体化合作的难度。

（二）机制的构建

1. 保障机制的完善

当前，我国的高职院校在实现产教融合的过程中，严重缺乏政府的政策支持和科学、完善的指导体系，导致产教融合效率低下。针对这种状况：首先，要建立健全相应的保障机制，为高职教育实现产教融合提供制度依据，坚持依法治理，只有这样才能确保高职院校产教融合体制的建立、健全和有效实施；其次，建立相关的制度可以确保高职业教育在经济社会发展过程中的重要地位，通过加大投入力度来确保高职业教育人才培养的有效进行，同时通过法规的制定来带动高职业教育产教融合体制的实施；最后，建立现代高职院校制度，以此来引导高职院校走上职业化的管理之路，引导高职业教育走进企业实践，在教学实践中全面推动校企融合。

2. 资源配置多元化

经济条件是高职教育实现产教融合的基础和前提，只有充足的资金支持才能够保障高职院校教育改革的有效进行，所以想要保障高职业教育产教融合的有效运行，首先要保障资金来源的多元化。要建立起资源多元化的配置机制，保障不同层次的职业院校及行业组织有机融合在一起，优势互补、资源共享，并实现真正意义上的产教融合，为企业的发展培养更多的技术性人才，缩小企业人才需求与实际教学模式之间的差距，将行业资质、产教融合与校企一体化合作及社会组织进行整合，通过建立资源多样化配置机制来满足企业对技术性人才不同程度和不同层次的需求，进而促进高职业教育产教融合的科学健康发展。

3. 立足于当地经济发展

高职院校的办学理念是服务于当地的经济发展，伴随着产业结构的升级换代，高职院校也需要进行相应的调整，适应当地的经济发展，服务于当地的社会需要，不断深化教育改革，集政府、企业和高职院校三位一体共同发展，服务于当地经济需求与发展。

4. 打造专业的教师团队

专业的教师团队是提高办学质量的关键要素。高职院校积极调整教师队伍，科学设置专业教师的数量与配比，不断提升教师的素质与水平。实现部分师资的成功转型，适应新兴专业的发展；积极引进专业人才，学院每年派相关领导分赴全国各地招聘专业人才；积极推荐可塑力强的教师到企业或科研院所进修培训，"给力"师资队伍，为专业调整和转型提供有力的师资保障。

（三）形成地方特色品牌专业

1. 搭建产学研平台

高职院校自建院开始便积极探索产教融合的方式与途径，经过多年的实践，学院主动"走出去"、"请进来"的合作模式已初显成效。高职院校主动"走出去"，寻找学院与企业的契合点。高职院校结合新农村建设大力推进的现实，结合学院农林专业发展所需，组建"校中厂"相关企业，为学生顶岗实习和就业、教师开展技术研发提供了崭新的平台。

2. 创新机制

产教融合的有效实现使双方在合作中互利共赢。长期以来产教融合与校企一体化合作表现出了高职院校单方面热情的尴尬局面，为了避免"剃头挑子—头热"的尴尬，作为地方政府主办地方性高职院校，学院应该充分利用政府这一平台，以此来创新产教融合，出台激励政策与扶持政策，使企业能从产教融合中受益；建立产教融合发展基金，支付给学生实习期间的报酬，准予在计算缴纳企业所得税前扣除。对稳定接受学生实习实训、教师顶岗实践、支付实习学生报酬的企业，将相关经费计入企业成本，在税收上给予优惠，对职业教育发展所需的征地、基本建设等项目，地方税务应当减免相关税费。

产教融合的企业充分利用学院的人力资源，以及减免税费，区域内企业开始主动寻找双方的契合点与学院进行"联姻"，有些学校现已与区域内多家企业建立了较为稳定的战略合作关系。

（四）推动产业链融合发展

1. 积极建设农村综合服务中心

作为一所地方性的高职院校，应该将其建立在服务地方经济发展的地方。地方经济发展相对薄弱的地方就是农村，应对其积极推行产教融合，建设农村经济建设服务中心，不断地创新与发展。

2. 共同促进相关课程开发

校企合作共同开发相关课程，紧密联系社会实际需求。相互参考，共同建立新的课程标准，共同研发新的教学课程，双方互利。共同拟订教学方案，共同开发工学结合教材，共同拟定考核规范和建立试题库。课程内容要及时反映生产技术发展状况和生产技术规范的要求，实现教学内容和生产实际的统一，并兼顾职业资格、技术等级考核的要求。

第五节　产教融合激励机制

一、人事管理与分配制度

大力推进校内人事管理与分配制度改革，坚持分配向教育教学一线的教师倾斜，确保教学一线人员人均绩效津贴标准比行政教辅部门的人均绩效津贴高 5%。

完善公平、竞争、高效的校企合作激励机制。修订完善《关于深化绩效管理改革的实施方案》，进一步深化校院二级管理，扩大院部在教师引进、教师聘请、教师课酬、技术开发经费支配等方面的自主权，实现重心下移；从社会效益和经济效益等角度制定教师参与校企合作与技术服务的核算标准，将其作为教师应完成的标准工作量的组成部分之一，纳入薪酬体系；将教师参与校企合作情况计入教师业绩考核范围，作为职称评定和年度考核的重要指标。

二、校企合作激励制度

（一）校企共建创新平台的激励内涵

激励是指组织群体为了实现既定的目标，通过特定的环境条件和方式方法，以及完善的管理体系，将团队成员的心理目标唤醒与激发出来，使其对组织的承诺实现最大化，增强组织成员心理的调节能力和行为的控制能力，最终实现驱使个体持续有效地为组织利益着想，实现个体的内在目标与组织的整体目标相一致的过程。校企合作的激励机制是指：根据平台的具体需求，在实际合作的过程中充分考虑内外因素，利用一切可利用的方法，使合作主体为合作目标持续挖掘智慧、努力解决问题的同时，积极性与合作动力不断提高的一种系统方法。校企合作激励的主要目的是激发合作团队成员的正确行为动机，调动其积极性和创造性，充分发挥智力效应的迭代效果，以做出更大的成绩。

（二）校企合作团队分析

参与校企合作的团队是校企合作平台的基本组成部分，校企合作激励机制的对象也主要是参与合作的团队及其成员。因此本部分主要对参与合作的校企合作团队进行剖析研究，寻找解决激励机制构建的方法。校企合作的团队主要是由学校师生和企业的相关成员共同组成的，双方成员以任务为导向，以实现共同目标为最终目标，全体成员通力合作，实现人力、智力、财力和信息的重组优化、有效组合。

1. 参与合作团队的特点分析

(1) 跨组织，结构扁平化

参与合作的团队一般是一个特殊的、临时的团队，团队一般因为合作项目而产生，所以也因为项目终结而解体。从组织形式上讲，合作团队是一个跨组织的团队，文化差异较大；从构成上来讲，合作团队主要由学校师生和企业的团队成员构成；从结构上讲，合作团队的组织机制和性质对团队成员充分授权，团队成员可以有充足的发挥空间，对合作创新所面临的问题进行充分的决策，这属于典型的扁平化结构。结构的扁平化使得合作团队的管理范围和跨度得以拓展，避免了很多冗余的审批沟通环节和内耗，增强了工作的协同性，产生了比单个主体简单加和更大的价值。此外，团队中的每个成员的人事关系依然属于原单位，对项目研发中出现的问题有充分的发言权，彼此之间并不存在谁比谁优越、谁是谁的领导的问题，不存在上下级关系，彼此之间都是平等、独立的关系，是一种相互鼓励、相互切磋、相互促进的关系。

（2) 知识结构合理

学校的师生和企业的工作人员在参与合作团队之前有着不同的工作经历和工作经验，也有着不同的知识结构与技能基础，双方的搭配组合使得合作团队实现了知识互补，知识结构多样化，从知识结构和技术储备方面为合作项目及任务的完成提供了保障。更为重要的是，团队成员之间正式的与非正式的沟通交流，有利于团队成员之间的思维碰撞，调整工作思路和方法，从而激发新的思路和灵感，对项目任务保质保量地完成产生积极的影响。

(3) 合作与竞争共存

团队成员处于一种各为其主的合作状态，合作是因为双方组织赋予的任务使命，为了完成各自的任务，双方成员都会尽自己的最大努力进行探讨合作。同时基于对认可的需求，团队成员也会努力工作以期得到认可，彼此之间又存在着赶超、竞争的关系。可以这样来说，合作和竞争是共生并存的关系，任何团队组织如果没有了合作与竞争，那么这个团队也就失去了活力。但是校企合作过程中团队的竞争是一种合作性的良性竞争，而不是对抗性的恶性竞争。

2. 参与合作的团队成员的特点分析

（1) 人员素质相对较高

能够参与到合作中来的团队成员的学历和文化层次相对较高，而且都具有较为专业的知识背景和技术能力，有的还是行业内的学术带头人。由学校师生和企业研发人员组成的合作团队有自己的工作习惯和特点，注重自我管理和启发，对工作有较强的责任心和忠诚度。

(2) 进取心强烈，具有开拓创新精神

从事项目研发创新活动的人员必须不断地更新自己的知识储备，否则思维就会僵化，创新能力就会减弱。而能够长期从事研发工作的人员必定具有保持自身优势和价值的方法和良好习惯，而且具有强烈的进取心和学习欲望，对未知的领域和困难保持着较强的好奇心。这些特征都非常有利于校企合作项目的完成。

(3) 需求层次较高

团队成员将攻克难题看作为一种乐趣，注重自身素质的提升和自我价值的实现，从具体的合作中体会成功带来的喜悦，从而实现更高层次的价值需求。对于他们而言，校企合作运行阶段机制分析、认可和参与决策等是激励他们的重要因素。

（三）校企合作激励机制的运行机理

1. 校企合作项目的需求因素分析

资源的充足补给。学校和企业之所以选择合作，就是因为单方面的资源不能满足各自的需求，或者因为自身追求的目标对资源有更高的需求。此外，在双方合作的过程中，也必须对所需要的资源进行调整，否则就会导致创新不足，校企合作平台就不会发挥功效。

科研氛围的营造保持。严谨、浓厚的科研氛围对于合作团队而言至关重要，只有形成了较为成熟的科研氛围和科研习惯并能够得以保持和持续，才能激发团队的集体智慧，为合作创新提供智力保障与环境烘托，从而促进合作效果的显著提升。

公平合理的评价体系。团队的合作效果最终要依靠评价来进行确定，评价的指标主要包括：成员的努力水平、成果产出量化、研发成果的数量和价值等。评价指标要适当、合理，只有评价进行得合理，才能及时、准确地衡量合作团队的创造能力，也才能纠正平台的偏差和潜在风险。

2. 参与合作团队成员的需求分析

根据马斯洛的需求层次理论，人的需求可以分为生理需求、安全需求、爱与归属感、尊重与自我实现五个层次。结合激励理论和参与合作团队成员的特点，马斯洛的生理需求和安全需求对团队成员而言不是最重要的，其他三个层次的需求更为重要，具体到实际合作过程中，可以归纳为以下方面：

薪酬是合作团队成员需求的基本起始点，薪酬激励对大部分成员都是最有效的。尤其是针对普通的科研工作者和基层的企业工作人员，在当今社会压力的影响下，经济性报酬依然是其改善生活条件最主要的来源，在各种需求中处于重要位置。确立薪酬体系的基本步骤应包括：首先对双方员工的薪酬现状进行调查，尤其是相关行业的薪酬制度和薪酬水平；其次是确定成员的绩效标准，这时可以使双方独立核算和制定标准，也可以保证合作成员在原单位领取薪水的基础上，根据项目的进度进展和效益来进行绩效标准评定；最后设计薪酬结构，包括：基本工资、绩效、福利，以及各自的分配比例。此外，薪酬激励还需要依据团队成员职位变迁、工作经验的积累和需求层次的变化适时进行调整。表扬、奖励、认可、肯定和尊重是合作成员的更高层次的需求。学校和企业联合组成的研发团队，是一个涉及双方合作的组织，成员来自不同的组织，具有不同的企业文化和认知差异，团队成员之间只有相互鼓励、相互尊重，才能营造良好的合作氛围。这样既有利于团队成员的向心力和凝聚力，也有利于自身创造力的发挥。马斯洛认为，人的自尊是与生俱来的，希望自己能够有威信、有实力、有信心，如果尊重的需求能够被满足，就会激发出个体无限的热情和主动性。

自我实现是最高层次的需要。团队成员的个人理想和价值追求是促进其不断创新创造的不竭动力，有时甚至表现为自我超越。在组成合作团队的时候，就需要将不同的成员放到合适的工作岗位上，尽量使每位成员都能做自己感兴趣的工作。

3. 校企合作平台的激励因素分析

校企合作平台的激励因素，主要是指对合作平台及团队成员产生积极正向作用的相关地方应用型本科院校的校企合作机制研究因素。下面结合校企合作的情境特点和技术创新的需求特点，以及团队成员的具体需求，主要从形象的激励因素和抽象的激励因素两方面对相关影响因素进行分析和定位。

(1) 形象的激励因素分析

薪酬激励。学校和企业研发人员的薪酬水平并不高，经济报酬类的激励因素仍然是团队成员最主要的需求和刺激因素，也是非常有效的激励手段。薪酬不仅是生活的基本需要，也是对成员个体的能力和价值的认可，代表着其社会地位的高低，是个人价值实现最直观的体现。

资源激励。合作团队成员来自不同的组织，构成比较复杂，资源的需求也比较复杂。例如：学校科研人员需要的是资金、设备以及一线的实践经验，企业科研人员需要的是完整的理论体系的引导及对学术前沿的把握等。此外，资源的稀缺性让双方成员受到了一定的约束。如果合作过程中双方所需要的资源得不到满足，那么维持良好的合作关系和创新积极性就只是一句空话，再好的激励机制也只能是纸上谈兵。

(2) 抽象的激励因素分析

物质激励是提高成员生活质量的重要因素，精神激励则是调动成员积极主动性和激发其责任心的重要因素，主要包括：机会、制度、发展的平台，以及文化的熏陶等。这两种激励因素使得员工的个人发展空间和成长得到了保证。其中，机会主要包括：学习的机会、培训的机会、晋升的机会、决策的机会和获得授权的机会等，并将这些机会通过完善的制度来进行保障，使得合作团队能够保持积极向上的文化氛围和正常运转的动力。

4. 校企合作平台的激励目标分析

合作团队的目标要时刻得到成员的认可，必须使成员的自我存在感、情绪和自我认可度达到其满意的程度。鉴于此，目标激励需要注意以下几个方面：

（1）目标要具体且具有可实现性

团队的目标对团队成员的行为具有引导、激发的作用。目标越具体，就越具有可操作性，成员的行为方向才能越明确，并且能够根据自身的情况和整体目标不断进行调整，逐渐靠近既定目标，缩小差距。同时目标的确定还需要具有可实现性，既要符合团队的利益，又要符合成员的整体水平认知。这样的目标才具有可考评性和努力价值。

（2）目标要客观且具有挑战性

目标的客观性和挑战性并不矛盾，挑战性对团队而言十分重要，既是技术创新活动的客观要求，又是对团队成员自身专业技能的肯定。挑战性与客观性需要兼顾，不能偏向于某一方，否则不仅起不到激励的作用，还会挫伤团队的士气与创新灵感。

（3）团队成员目标要与团队的目标具有一致性

人是生活在社会环境中的个体，集理性和非理性于一身，团队目标的可实现程度取决于其与团队成员目标的吻合程度。对于团队整体和个体而言，二者的目标一致是最有意义的。

（四）校企合作激励机制的设计原则

1.集体目标与个体目标相结合

在校企合作激励机制构建中，目标的设置需要考虑集体目标和个体目标设置的合理性，只有同时体现二者的需求，才可以大幅度提高团队的生产效率。

2.具体激励与抽象激励相结合

具体的物质激励手段是基础，抽象的精神激励手段是根本，在两者有机结合的基础上，要逐步过渡到以抽象的精神激励手段为主。

3.惩恶扬善和公平合理相结合

激励机制的主要目的是引导团队成员自觉表现出好的行为，放弃不利于团队的不好的行为。因此激励机制就必须严格区分正向激励和负向激励，对符合组织目标的行为要进行表扬奖励，对违背团队原则的行为要进行惩罚，而且奖励和惩罚措施要公平、适度以及合理。

4.民主公开和机会均等相结合

激励对象的选择要做到民主公开、机会均等，激励的目的要明确、方法要恰当、机会要均等，民主性、公开性和均等性与激励产生的效果和心理效应是成正比的，只有这样才能够达到激励的目的，否则激励会起反作用。

5.时效和按需激励相结合

激励措施的实施需要选择合适的时机，越及时越有时效性，效果也就越好，越有利于团队成员的自我激发和创造力的持续发挥。在进行激励时，应当充分考虑成员的不同需求，只有满足了不同成员的最迫切的需求，激励的效用和强度才能达到最高。例如：针对临时组建的校企合作团队，缺乏的是双方人员的彼此了解和熟识，这时就可以组织一些面向集体的拓展培训活动，使团队成员在共同的团体互动中体会到团队的凝聚力，增加对彼此的熟悉程度，尽快进入无缝合作状态。

（五）校企合作激励机制的构建

为了实现深层次的校企合作，推动校企合作的有效进行，调动内部人员参与的积极性和主动性，构建高效合理的激励机制已经是大势所趋，主要可从以下几方面入手：

1. 构建多元化的激励主体

校企合作是一个涉及各级政府、学校和企业等多个组织的复杂体，这些组织通过彼此之间的依存关系建立合作关系。因此在构建校企合作的激励机制时要构建多元化的激励主体，尤其是政府要强化主导激励地位，明确学校和企业在合作过程中的主体地位，并且充分建立和发挥社会组织的桥梁和纽带作用。

高等教育培育的人才属于准公共产品，学校与企业的合作是有利于这些准公共产品的产生的，要具备上升到国家发展战略的意义，必须通过政府的各种职能手段进行调控和配置。而且高等教育在很大程度上就是政府对资源和政策进行配置后的一种结果，因此政府作为公共资源的保护者和公共政策的制定者，应当突出其在校企合作中统筹发展的主导地位，发挥其协调、推动和监督的作用，主要可从以下几个方面入手：

首先，政策引导。学校和企业的发展以及校企合作的发展都离不开政府的支持，因此在学校与企业合作的激励机制构建中，政府应成为激励机制的上游，或者说是处于主导地位，为校企合作提供政策激励引导，对学校和企业一视同仁地进行支持。具体而言，政府应通过正式的政策文件确立校企合作的社会地位，明确鼓励支持的态度，并对优秀的、典型的校企合作案例进行大力宣传报道，制定相关的优惠政策和奖励措施，以此来提高学校和企业的知名度和公信力，调动双方合作的积极性。

其次，资金投入。为学校办学提供办学资金是各级政府的一项基本工作，也是政府发挥主导作用的重要体现。在财政支持方面，政府可以直接向学校拨付资金，也可以对学校的优势学科或项目进行投资；同时还可以发挥媒介作用，利用政府的公信力使学校和企业进行沟通合作，鼓励企业和社会力量捐资助学，减轻自身的财政压力。

最后，监督管理。学校与企业合作的顺利进行离不开各级政府的监督管理。政府应设立中央、省（自治区、直辖市）、地级市、县（乡）四级专职组织管理机构，承担校企合作平台的第三方监管工作。政府机构应联合教育、财政、人事、发展改革委员会和工商等部门共同成立校企合作指导委员会，制定合作办学的措施和发展规划，解决实际合作过程中的难题和阻碍，定期对校企合作的成功案例进行推广和评优奖励。

学校和企业也应该相应地成立校企合作办公室，开展对口对接、联系沟通和整体评估等工作。

2. 明确学校和企业在校企合作激励机制中的主体地位

校企合作的主要目的之一是培养具备综合素养的技术型人才，这也是校企合作主体的主要职责。政府虽然在校企合作过程中处于主导地位，但是学校和企业这两个主体的主体地位依然不可动摇。目前我国校企合作中，存在着一定的表面化、形式化和务虚化的现象，从而使合作主体的参与积极性并不是很高。因此在校企合作的实际开展过程中，在强化政府主导地位的同时，还需要明确学校和企业实施主体的地位，秉承互惠互利的原则以此实现双赢。就学校方面而言，我国学校较高的社会地位使得学校的办学理念相对固化，很难真正走出去，去主动寻求与企业的合作。尤其是地方应用型普通学校，可寻求的资源有限，与国内重点学校相比，竞争力也明显不足，更需要发挥主观能动性，主动寻求与企业的合作。鉴于此，第一、要从根本上改变社会对大学的认知，客观认识学校的社会地位，学校也要主动配合，走出所谓的象牙塔，寻求一切有利于学校发展和人才培养的资源，完善其社会服务的职能和提升科研的转化率。第二、学校的校企合作要避免扎堆、同质化，要审时度势地认真思考自身的优势和劣势，突出办学特色，提高人才培养质量以及与社会需求的吻合度。第三、高等院校应主动走出去，时刻保持与社会的共融性和同步性，对固有的办学理念、日常管理和教学模式加以更新改进，保持与企业的发展接轨，提高其培养的人才服务企业的能力。第四、对企业有吸引力的项目要主动联系，引入企业的资金、设备及实践经验等。总之学校应该从办学理念、教学模式、人才培养、优势学科和管理体制等多个方面进行创新型改进，吸引企业的注资和合作，这也是构建激励机制的前提和基础；就企业方面而言，我国的大部分企业对校企合作的参与度和积极性普遍不高，这其中主要有两个原因：一是企业的根本目的是实现利益的最大化，企业参与校企合作时必然会对自己的投入和产出进行计算，一旦达不到预期，必然会放弃合作。而实际的校企合作存在着很多不确定的风险，大部分项目的市场估值不可准确预期，所以企业为了避免风险，一般会保守地选择不合作。二是校企合作过程中，学校一般处于优势地位，企业处于从属地位，企业的义务被过多地强调，而权利却得不到保证，严重挫伤了企业参与的积极性。因此校企合作必须要从调动企业的积极性方面着手，学校需要从合作姿态、合作项目管理和利益分配等方面强化平等理念，政府需要对参与企业给予一定的财政补贴、政策优惠、税收减免和精神激励，同时还应该从法律法规等方面对企业的社会责任感进行规定和引导，以此加强企业参与校企合作的意识和明确其对社会的责任和义务。

（六）校企合作运行阶段激励机制分析

1. 发挥社会组织的桥梁和纽带作用

行业协会是参与校企合作的主要社会组织，指介于政府和企业之间，以某个行业为依托，为该行业的生产经营者提供咨询、服务、协调和监督的非官方中介组织。行业协会是连接教育与行业产业的重要桥梁和纽带，在促进产学研结合，打通教育与行业产业之间的屏障，确保教育规划、教学内容和人才供给能够与行业产业的需求相吻合，监督企业履行校企合作中的相关职责等方面具有不可替代的作用。概括而言，行业协会在校企合作中的作用主要体现在以下两个方面：

首先，具有行业教育指导委员会的作用。行业协会在业内的职能相当于指导委员会，行业协会若想实现所在行业的发展创新和持续增长，选择与学校进行合作也是其首选。因此各行业协会需要不断加强自身的管理体系建设和职能效用发挥，充分突出其行业引导和统筹协调的优势，发挥其在业内的影响力，加强与政府部门的密切沟通与配合，结合行业发展和区域经济有目的、有规划地选择与对口学校进行务实合作，整合行业的优势教育资源和企业资源，进行人才、智力和知识的后备补给，从而推动校企合作取得实质性进展；其次，具有行业资质认证的职能。这里的资质认证主要包括对企业和学校的资质认证，即行业协会对能够进入校企合作范畴的企业和学校进行前期调研和相关的资质考察。这种认证可以是官方的，也可以是非官方的，主要为学校和企业之间的互相选择提供参考，增强彼此的信任。能够参加校企合作的学校需要满足行业内的专业需求、研发需求和人才需求，而企业则需要在管理、规模、经营状况和业内口碑等方面满足条件，并且建立关于学校和企业的大数据。在进行资质认证后，行业协会还需要根据国家的宏观政策和本行业的发展前景，制定、引导和规范校企合作的具体内容和成果转向，引导和鼓励学校与企业的合作，缩短双方进行互选和斟酌合作内容的时间，实现从"点对点"的校企合作局面向"点对面"，再到"面对面"的局面转变，扩大合作的范围，提高合作的成效，加快合作的进展速度。除此之外，政府也要对行业协会在校企合作过程中所起到的作用给予肯定和支持，并且进行适当的监管、补充和扩大。从某种意义上讲，行业协会分担了部分政府的职能，如：制定规章制度、对企业和学校的资质认证牵线搭桥等。

2. 提高学校自身的能力和吸引力

校企合作是一项涉及多个主体的大工程。学校为了加强与企业的合作并吸引更多企业参与进来，必须对自身的能力加以提升，并突显企业参与合作的主体地位。学校在这个过程中应主动适应校企合作的模式，对企业在合作中的地位给予充分的认同，在全校范围内形成积极的校企合作文化，确立学校和企业合作的双主体地位；调整自身的人才培养模式，加强生产实用型的实践基地建设，提高双方资源的共享度；加快教学改革步伐，不断完善实践教学的管理机制，深化教学大纲的改革，实现教学内容和企业所需要的知识技能的对口对接，切实提高学生的就业数量和质量；定期进行市场需求分析和对口企业调研，构建基于企业需求的专业课程体系，重点强调符合地方区域经济的发展要求；强化教师队伍的组成结构，提倡教师走出去，去亲身体验，并主动将企业的工程师请进来，全面提高教师的现场实践能力，满足学校和企业教学科研和生产培训的根本需求。总而言之，学校作为主动方应该通过各种措施和途径，增强自身的软硬件实力，以真诚的合作态度和宽广的胸襟建立合作关系，突显企业在合作中的主体地位，为校企合作激励机制的构建奠定良好的关系基础。

3. 调动各方参与的积极性

完善的激励制度是保证合作主体利益实现的重要保障。合理的制度体系应具有三个特点：一是规制性，即制度必须基于一定的规则，对成员主体的行为具有制约和调节的作用，在实施的具体过程中具有监督作用，对于行为的结果具有奖励和惩罚细则；二是规范性，即对于固定行为具有固定的操作程序，并同时强调过程、方式方法和评价的统一性；三是文化认同性，即制度的构建要基于主体行为的文化背景和认知水平，强调统一共通性。校企合作激励机制的完善主要基于以下几点：

(1) 搭建多方合作治理的管理体系，协调各方的利益关系

我国的高等教育管理一直采取的是政府财政拨款的单一定向管理方式。若要实现校企合作，就必须对目前的单一定向管理方式进行改革。要转变政府职能，建立由政府统筹，学校自我管理和企业参与管理的协同管理模式。这需要做到以下三点。

第一、中央政府加强在高等教育发展过程中的对口管理，对于校企合作可能产生的问题进行立法、调控和引导，制定专门的机构应对校企合作，加强对校企合作的支持力度和宣传介绍，保证中央政府、学校和企业在合作共赢问题上的利益共识。

第二、地方政府需要根据地方经济的实际情况，在中央政府政策的指引下，根据地方的资源特色和位置优势，对校企合作的具体方向、内容和方式方法等细节进行具体规范，协调各方的利益关系，对校企合作实现微观管理和指导。

第三、在科学、安全、高效的基础上建立投资机制，鼓励校企合作过程中多元化主体的参与。

(2) 健全经费保障制度

经费不足是学校办学过程中面临的主要问题，充足的经费不但是学校办学的基础，也是校企合作的前提与基础。否则学校将始终处于"吃不饱"和"穿不暖"的状态，需要填补的"窟窿"较多，这样就会使企业望而却步，因为企业只有把这些"窟窿"填满，才能从中获利。校企合作的目的不应该定位于"雪中送炭"，而应该定位于"锦上添花"，因此校企合作激励机制的构建要以健全经费保障制度为保障。主要可从两点

入手：一是改变政府单一投入的模式，可以考虑建立校企合作的专项基金；二是学校自身主动寻求资金筹集的多渠道化，解决资金难题。

(3) 完善监督管理制度

可以寻求第三方监督管理机构来完成对利益分配的监督，这个机构可以是政府专门成立的政府机构，也可以是通过市场规则确立的第三方监管机构。主要对校企合作的内容进行评价，财务进行审计，过程进行监督，避免利益分配不均而产生的矛盾，保证激励机制的有效运行。

参考文献

[1] 娄娟，娄飞.风景园林专业综合实训指导 [M]. 上海：上海交通大学出版社，2018.

[2] 李会彬，边秀举.高等院校风景园林专业规划教材 草坪学基础 [M]. 北京：中国建材工业出版社，2020.

[3] 陈晓刚.高等院校风景园林专业规划教材 园林植物景观设计 [M]. 北京：中国建材工业出版社，2021.

[4] 彭赟."大工程观"的风景园林专业概论 [M]. 长春：东北师范大学出版社，2017.

[5] 骆天庆，刘滨谊.以实践为导向的中国风景园林专业生态教育研究 [M]. 上海：同济大学出版社，2017.

[6] 黄艳.产教融合的研究与实践 [M]. 北京：北京理工大学出版社，2019.

[7] 祝木伟，毛帅，赵琛.产教融合型实训基地建设与评价研究 [M]. 徐州：中国矿业大学出版社，2020.

[8] 栾黎荔.产教融合色彩设计实践措施研究 [M]. 武汉：华中科学技术大学出版社，2020.

[9] 张华.校园+产园 智造工匠产教融合培养研究与实践 [M]. 北京：北京理工大学出版社，2021.

[10] 郭红兵，王占锋，张本平.产教融合 校企合作 高校建筑类特色专业群建设的研究与实践 [M]. 北京：北京理工大学出版社，2021.

[11] 王薇薇，康楠，张雪松.大数据与智能+产教融合丛书 开源云计算 部署 应用 运维 [M]. 北京：机械工业出版社，2021.

[12] 孙博玲.基于"新国标"的新工科产教融合人才培养模式研究 [M]. 北京：中国纺织出版社，2021.

[13] 马洪奎.搭建产教融合平台 深化新时代应用型传媒人才培养改革 [M]. 重庆：重庆大学出版社，2021.

[14] 黄立.产教融合背景下高职院校"双师型"教师团队建设研究 [M]. 长春：吉林人民出版社，2020.

[15] 王忠诚 . 利益共同体视域下高职院校深化产教融合的实践探索 [M]. 长春：东北师范大学出版社 , 2020.